KB053543

우리 아이
왜
그럴까

우리 아이 왜 그럴까

저마다의 속도로 자라는
아이를 이해하기 위한 발달 이론 수업

최치현 지음

아몬드

머리말

아이를 가장 잘 아는 사람은 부모입니다

저는 소아정신과 전문의입니다. 어느 날 진료실을 찾은 부모가 걱정스러운 얼굴로 제게 물었습니다.

"우리 아이가 18개월인데요. 아직 말을 못해요. 말을 알아듣는 것 같기는 한데 확실하지는 않아요. 고집은 또 얼마나 센지 뭐든 자기 마음대로 하려고 해요. 혹시 아이에게 문제가 있는 건 아닌가요? 어떻게 하면 좋을까요?"

아이가 말이 늦거나, 너무 떼를 쓰거나, 아니면 엄마(아빠)와 잠깐이라도 떨어지는 것을 어려워할 때, 걱정되는 마음에 진료실 문을 두드리는 부모를 매일 만납니다. 우리 아이가 왜 그러는지, 부모로서 어떻게 하면 좋을지 생전 처음 본 저에게 물어보지요. 그럼 저는 이렇게 대답합니다.

"안타깝게도 보호자의 이야기를 잠시 듣고 아이를 잠깐 보는 것만으로 모든 것을 알 수는 없습니다. 다만 아이에게 어떤 어려움이 있는지 보호자 분과 함께 고민하다 보면 해결 방법을 찾아갈 수 있을 겁니다."

정신과 의사로서 이런 경험은 낯설지 않습니다. 진료실을 찾은 보호자는 의사가 단박에 아이의 마음을 읽고 명쾌한 해답을 주길 바랍니다. "정신과 의사와 같이 있으면 내 마음을 들킬 것 같아 두렵다"라는 말은 이런 맥락에서 나왔겠지요. 그러나 안타깝게도 정신과 의사는 첫눈에 상대의 마음을 읽고 파악하는 독심술을 갖고 있지 않습니다. 저도 간혹 한 번에 상황을 파악하고 답을 줄 수 있으면 좋겠다고 생각하곤 하지만 현실적으로는 능력 밖의 영역이지요.

신통한 능력이 없는 평범한 정신과 의사 입장에서 변명을 하자면 이렇습니다. 우선 저는 배경지식이 전혀 없는 상태에서 부모와 아이를 처음 만납니다. 짧게는 10분, 길게는 20분 동안 부모의 이야기를 듣고 아이의 행동을 관찰하며 약간의 정보를 얻습니다. 의사로서 열심히 공부했고, 상담 경험도 있기에 다른 사람보다 좀 더 빠르고 능숙하게 상황을 파악합니다. 하지만 그렇다고 금세 아이의 모든 것을 알 수는 없습니다. 의사로서 할 수 있는 최선은 '아이에 대해 가장 많은 정보를 가진 사람'과 같이 상의하고 고민하는 것입니다.

누가 아이를 가장 잘 알까요? 당연하게도 아이와 가장 많은 시간을 보내며 접촉하고 관찰한 부모입니다. 이제 돌을 맞은 아이의 부모는 아이를 1년간 관찰했지만 전문가는 10분에서 20분가량 봤으니 부모가 더 많이 아는 것이 당연합니다. 특히 아이의 고유한 성향, 부모와 아이의 독특한 상호작용 방식은 부모만 압니다.

"네? 제가 가장 잘 안다고요? 아니에요. 저는 제 아이를 전혀 모르겠어요. 도통 아이를 이해할 수 없어요. 또 어떻게 해야 할지 모르겠고요"라고 되묻는 분도 있습니다. 부모는 답답할 겁니다. 가장 가까이에서 아이와 많은 시간을 보냈지만 아이의 행동을 도저히 이해할 수 없어 저를 찾아왔을 테니까요. 또 아이의 마음속에 들어가 아이가 무슨 생각을 하는지 알고 싶지만 그럴 수 없으니까요.

부모가 아이를 가장 잘 알면서도 이해하기 어려워하는 이유는 뭘까요? 해답은 양육 원칙에 있습니다.

처음 봐도 상담이 가능한 정신과 의사의 비밀

양육 전문가는 처음 만나는 아이와 부모에게 문제의 해결책을 제시합니다. 그것도 일률적인 해결책이 아닌 각 상황에 맞는 방법을 생각해냅니다. 어떻게 가능할까요?

예를 들어 핸드폰 수리 전문가가 있습니다. 액정에 금이 간 핸드폰, 소리가 나오지 않는 핸드폰 등 기기마다 문제가 제각각입니다. 또 핸드폰 종류는 얼마나 다양한가요? 여러 회사에서 만든 제품이 수십, 수백 종에 이릅니다. 하지만 수리 전문가는 큰 어려움 없이 문제를 해결합니다. 핸드폰마다 모양과 부품 위치가 모두 다르지만 전문가는 '원칙'을 이미 알고 있기 때문이죠. 전기 신호가 어떻게 액정에 표시되는지, 소리 조절을 담당하는 부품을 어느 위치에 놓아야 하는지를 압니다. 그래서 접촉불량, 이물질 등의 오류를 확인하고 제거하거나, 문제가 생긴 전자 부품을 교체할 수 있습니다. 이미 기본 지식이 있기에 어떤 핸드폰을 맡겨도 크게 당황하지 않습니다.

정신과 의사도 이와 마찬가지입니다. 수리 전문가가 핸드폰의 기본 설계 도면을 알고 전기 흐름의 원리를 이해함으로써 다양한 핸드폰을 고치듯, 소아정신과 전문의는 아이의 기본 발달 과정을 알고 양육 원칙을 이해함으로써 다양한 아이와 부모를 상담합니다. 여기서 '발달 과정'은 아이가 신체적·정신적으로 성장하는 과정을 말하고, '양육 원칙'은 아이의 발달 과정에 적합한 양육자의 기본 태도를 말합니다. 양육 원칙은 아이가 자라는 과정에서 부모가 반드시 해야 할 것과 하지 말아야 할 것뿐 아니라 아이를 대하는 부모의 마음가짐을 포함합니다. 결국 전문가는 이 두 가지 기본 지식을 알고 있기에 아이의 성격과 상황이 저마다 다르더라도 양육 상담을 할 수 있습니다.

스스로 해결책을 찾을 수 있는 부모

그렇다고 소아정신과 의사나 양육 전문가가 모든 답을 갖고 있는 것은 아닙니다. 전문가가 적절하고 유용한 해결책을 제시하기 위해서는 부모가 눈과 귀로 얻은 정보가 필요합니다. 양육을 주제로 한 TV 프로그램에서 사전에 촬영한 아이의 일상을 전문가가 부모와 함께 관찰하며 이야기를 나누는 것도 이러한 이유 때문입니다.

부모는 가장 가까이에서 아이와 함께 하는 존재입니다. 그러니 전문가에게는 아이를 관찰하는 일 못지않게 부모와 이야기 나누는 일이 무척이나 중요합니다. 이러한 대화를 기초로 전문가는 아이를 좀 더 정확히 살필 수 있습니다. 그래서 저는 진료실을 찾아온 부모들에게 이렇게 강조하곤 합니다.

내 아이를 가장 잘 아는 사람은 나 자신, 즉 부모입니다.

단, 양육 원칙을 안다면!

발달 이론과 양육 원칙은 아이를 이해하는 '틀'입니다. 부모가 양육 원칙과 발달 과정을 알면, 아이에게 맞는 해결책도 스스로 찾을 수 있습니다. 단순히 누군가가 소개하는 방법을 그대로 따라 하는 것이 아니라 각 상황과 시기에 맞게 응용할 수 있는 것이죠. 아이의 특성, 부모와 아이가 관계를 쌓아온 과정은 부모만 알기 때문입니다.

이 책에서는 '이런 상황에서 이렇게 하세요, 저렇게 하세요'라는 식의 해결법을 알려주지 않습니다. 그런 정보는 이미 넘쳐

납니다. 각 상황에 전문가가 말하는 답을 외우는 것은 중요하지 않습니다. 중요한 것은 해결법 외우기가 아니라 부모가 스스로 생각하는 능력을 갖추는 일입니다. 부모가 차근히 생각하고 양육 원칙에 따라 해결책을 찾아 나갈 때, '양육 효능감(자신감)'을 키울 수 있습니다. 양육 효능감이란, 부모로서 아이를 키우는 데 적절한 선택과 행동을 할 수 있다는 기대와 믿음입니다. 효능감이 높을수록 아이의 변화를 세심하게 관찰하고 그에 맞게 행동할 수 있습니다.

양육이라는 여행

'아이를 키우는 것'은 한 번도 가보지 않은 낯선 곳으로 기나긴 여행을 떠나는 일과 같습니다. 콜럼버스는 서쪽으로 여행을 떠났습니다. 수평선 넘어 미지의 세계에 무엇이 있는지는 알지 못했으나, 서쪽이라는 큰 방향을 잃지 않았기에 항해가 실패로 끝나지 않고 신대륙을 발견할 수 있었습니다.

부모도 아이를 키우는 여행을 떠납니다. 이 여행에서도 큰 방향이 존재합니다. 그리고 그 방향은 아이가 신체적·심리적·정신적으로 성장하는 쪽이어야 합니다. 신체적 성장은 아이에게 충분한 영양분을 제공하면 자연스럽게 이루어집니다. 하지만 심리적·정신적 성장은 아이가 스스로 판단하고 인내하는 힘을 기를 수 있는 방향으로 부모가 이끌어줘야 합니다.

콜럼버스가 목적지를 몰랐듯, 아이가 어떤 모습으로 자랄지는 아무도 모릅니다. 아이의 특성과 재능에 따라, 부모의 철학에 따라, 사회·문화적 배경에 따라 모든 아이는 각각 고유한 존재로 자랍니다. 다만 아이가 심리적·정신적으로 성숙하게 자라야 한다는 데, 적어도 부모가 아이의 성장을 방해하면 안 된다는 데에는 이견이 없을 겁니다.

그럼 큰 방향을 잃지 않기 위해서는 무엇이 필요할까요? 우선 대략적인 방향을 알려줄 나침반과 지도가 필요합니다. 이 두 가지가 있으면 중간에 길이 좋지 않거나 장애물이 나타났을 때 조금 돌아가더라도 길을 잃지는 않습니다. 낯선 곳으로 여행을 갔는데 지도 한 장 없으면 불안하지 않을까요? 내가 어디에 있는지, 어디로 가야 할지 모르니까요. 그렇다고 지나가는 사람에게 물어서 그 사람이 가라는 쪽으로 무작정 가다 보면 엉뚱한 곳에 도착할 가능성이 높습니다. 결국 우리에게 필요한 것은 나침반과 지도, 그리고 그것을 읽는 능력입니다.

양육을 위한 나침반과 지도는 바로 발달 이론과 양육 원칙입니다. 이 두 가지는 정보의 홍수와 불안함에 휩쓸리지 않는 힘이 되어줍니다. 이 책과 함께 양육의 기본 원칙을 이해하고 자신의 것으로 만들기 바랍니다. 양육의 나침반과 지도를 들고 머나먼 여행을 떠나봅시다.

이 책의 특징과 사용법

특징1 ✧ 부모가 꼭 알아야 할 핵심 내용을 담았습니다.

부모가 모든 발달 이론, 양육 원칙을 알아야 하는 것은 아닙니다. 양육의 감을 잡을 수 있을 정도만 알아도 충분합니다. 소아정신과 의사로서 부모의 고민을 수없이 듣고 상담했습니다. 그리고 그 고민을 푸는 데 도움이 될 핵심 내용만을 담았습니다.

감히 말하건대 이 내용만 알아도 양육의 감을 잡을 수 있습니다. 느낌으로 '이런 거구나' 정도면 됩니다. 이 책을 통해 양육의 감을 잡는다면 이미 반은 성공입니다. 나머지 절반은 경험을 통해 알게 됩니다.

특징2 ✧ 의도적으로 반복해서 썼습니다.

진료실과 강연장에서 수많은 부모와 만나면서 많은 정보를 제공하는 것보다는 한두 가지 개념을 반복 설명하는 편이 양육에 훨씬 도움이 된다는 점을 깨달았습니다. 안다고 느끼는 것과 아는 것은 다릅니다. 반복해서 보고 듣고 읽어야 그 의미를 충분히 알 수 있습니다.

특징3 ◈ 고기를 잡아 주는 대신 고기 잡는 법을 알려주는 책입니다.

주식투자에 익숙하지 않은 사람은 전문가나 고수 들의 추천 종목에 귀가 쫑긋해집니다. 충분한 정보도 없고, 지식도 많지 않으니 전문가의 말을 무작정 따르는 것이지요. 이렇게 투자해서 수익을 거둔다면 다행이지만 주가가 기대와 달리 계속 하락한다면 손해를 감수하더라도 얼른 빠져나와야 하는데 그렇지 못합니다. 그 종목에 대해 잘 모르기 때문이지요.

이와 반대로 관심 있는 투자 분야를 선택하고 공부해서 스스로 종목을 고르면 상황은 달라집니다. 주가가 떨어지더라도 버틸 수 있지요. 공부했기 때문에 자신의 선택에 확신이 있고, 위기에도 버티는 힘이 생깁니다. 혹시 종목을 잘못 골랐다 하더라도 그 이유를 알기에 대책을 세울 수 있습니다.

양육도 그렇습니다. 부모는 '어떻게(이렇게 하세요)'가 아닌 '왜(왜 그럴까요?)'를 배워야 합니다. 양육 기술을 외우지 말고 그 원리를 이해해야 합니다. 그래야 덜 불안하고 덜 흔들립니다. 혹시 문제가 생기더라도 그 이유를 찾고 대책을 세울 수 있습니다.

사용법 1 ✧ 차근히 흐름을 살펴보세요.

기본 개념부터 실제 적용까지 큰 흐름을 이해하도록 내용을 구성했습니다. 또한 책을 읽어 나가며 자연스레 양육의 감을 익힐 수 있도록 썼습니다. 물론 중간중간 원하는 내용부터 읽어도 됩니다. 하지만 흐름을 정확히 파악하고자 한다면 처음부터 차근히 읽는 것이 좋습니다.

사용법 2 ✧ 다른 양육 자료(영상, 책)들도 함께 활용하세요.

이 책은 '어떻게' 대신 '왜'라는 질문의 답을 독자 스스로 찾도록 했습니다. 기본 원칙을 설명하고 선택과 판단은 독자의 몫으로 남겨 놓았지요. 따라서 기존의 '어떻게'에 초점을 맞춘 양육서와는 상호보완 관계에 있습니다. 교과서로 기초를 다지고 문제집으로 실전 감각을 기르는 것처럼 이 책을 읽고 다른 양육서를 읽으면 좀 더 응용하는 힘을 기를 수 있습니다.(부록에 함께 읽으면 좋은 책을 실었습니다.)

사용법 3 ✧ 반복해서 읽어 보세요.

책을 눈에 잘 보이는 곳에 두고 생각날 때마다 펼쳐 보세요. 문제집은 한 번 풀고 버리지만, 원리와 개념을 알려주는 교과서는 곁에 두고 보는 것처럼요. 반복할수록 전에 보이지 않던 것도 보이게 됩니다. 언제라도 필요할 때, 궁금증이 생길 때 펼쳐 보기 바랍니다.

차례

머리말 아이를 가장 잘 아는 사람은 부모입니다 ✧ 5

이 책의 특징과 사용법 ✧ 14

1장 아이를 기르는 부모가 반드시 알아야 할 것

아이에게 자꾸 화내는 당신에게 ✧ 25

양육은 흑백논리가 아닌 스펙트럼 ✧ 30

상황과 시기에 맞는 방법을 찾으려면 ✧ 32

아이를 기르는 일에 필요한 세 가지 ✧ 37

아이가 잘 자란다는 것 ✧ 42

2장 발달 이론, 핵심만 간단하게

발달 이론을 배우기 전 부모가 꼭 알아야 하는 두 가지 ✧ 51

0~3세 발달 이론, 이것만 알면 된다 ✧ 57

1세, 첫 걸음과 첫 마디 ✧ 61

아이는 무엇을 배우나요? ✧ 66

아이는 어떻게 배우나요? ✧ 72

아이는 어떻게 부모에게서 멀어지나요? ◇ 78
모든 아이에게 발달 이론이 중요한 이유 ◇ 85
이론을 알면 보이는 실전 양육법 ◇ 90

3장 양육의 핵심 1 – 주기

존재만으로도 소중한 부모 ◇ 99
엄마와 떨어지지 않으려고 해요, 정상인가요? ◇ 103
엄마와 떨어지지 않으려고 해요, 어떻게 해야 하나요? ◇ 106
아이에게는 왜 애착이 필요할까? ◇ 113
애착은 아이의 의존성을 키우지 않나요? ◇ 118
접촉, 정서적 영양분 ◇ 121
상황과 시기에 맞게 반응해주세요 ◇ 124
당신은 충분히 괜찮은 부모입니다 ◇ 130

4장 양육의 핵심 2 – 다듬기

훈육은 언제부터 하나요? ◇ 139

적당한 좌절은 선택이 아닌 필수 ✧ 145

클수록 기다려주세요 ✧ 150

아이가 듣고도 모른 척하는 이유 ✧ 156

떼를 써서 꽉 붙잡았는데, 괜찮을까요? ✧ 164

도대체 아이는 '왜' 그럴까요? ✧ 170

아이는 왜 '계속' 그럴까요? ✧ 176

더 괜찮은 부모가 되기 위한 다듬기 방법 ✧ 180

정말 다듬기가 필요한가요? ✧ 186

5장 양육의 핵심 3 – 관리하기

불안하고 우울하고 지쳐 있는 부모 ✧ 197

아이에게 거는 기대가 점점 커져요 ✧ 204

일 때문에 아이와 하루 종일 함께 할 수 없어요 ✧ 207

부부 사이가 좋지 않아요 ✧ 211

어쩔 수 없이 스마트폰을 보여주게 됩니다 ✧ 216

6장 사례를 통해 배우는 양육

사례 1. 자다 깨서 울면 바로 안아주어야 하나요? ✧ 231

사례 2. 말이 너무 늦어요 ✧ 239

사례 3. 어린이집에 가는 걸 너무 무서워해요 ✧ 255

사례 4. 심하게 떼쓰는 아이, 어떻게 하면 좋을까요? ✧ 266

맺음말 어제의 아이와 오늘의 아이를 다르게 볼 수 있다면 ✧ 279

부록 함께 읽으면 좋은 책들 ✧ 283

1장

아이를 기르는 부모가 반드시 알아야 할 것

좋은 부모가 되고자 이 책을 펼치신 여러분을 환영합니다.
발달 이론과 양육 원칙을 배우기 전에 부모가 꼭 생각해봐야 할 것이 있습니다. 바로 양육 과정에서 부모가 지녀야 할 태도, 마음가짐입니다. 이 장에서는 부모가 아이에게 화가 나는 이유, 부모가 문제 상황을 바라보고 해결하는 일반적인 방식, '아이가 잘 자란다'라는 말의 의미를 살펴봄으로써 부모의 태도와 마음가짐에 관해 이야기해보려 합니다.
더불어 양육을 식물 기르는 일에 빗대어 '주기', '다듬기', '관리하기'란 과정으로 그 개념을 살펴보겠습니다. 이를 통해 양육에 대한 큰 그림을 그리고 다소 복잡해 보이는 양육 과정을 차근히 이해해 나갈 수 있을 것입니다.

아이에게 자꾸 화내는 당신에게

아이를 키우는 것은 무엇을 상상하든 그 이상이라고 육아 선배들은 말합니다. 처음부터 부모로 태어난 사람은 없기에 대부분의 부모에게 아이와의 첫 만남은 낯설고 어색할 수밖에 없습니다. 부모니까 해야 하고 견뎌야 하는 일들로 인한 스트레스도 상당하지요. 무엇보다 아이가 잘 크는 것이 오롯이 부모의 능력과 노력의 결과물이라는 인식이 강한 사회 분위기 속에서 부모가 느끼는 책임감과 부담감은 더욱 크게 다가옵니다. 인류 역사상 수만 년 동안 육아의 주체는 공동체였는데 최근 수십 년 동안 부모에게 그 역할을 모두 해내라 하니, 부모에게 육아가 힘든 것은 어찌 보면 당연합니다.

육아를 하다보면 아이를 조건 없이 사랑하겠다는 결심과 좋은 부모가 되겠다는 각오가 자주 흔들립니다. 막연히 그려왔던 이상적인 육아와는 점점 멀어지고 부모는 아이를 돌보며 하루하루 희로애락의 파도를 탑니다. 아이의 환한 미소, '사랑해요'라는 말 한마디에 세상 더 없이 행복한 사람이 되었다가도 아이가 울고 떼쓰고, 제멋대로 행동하면 부글부글 화가 나고 아이가 미워지기까지 합니다. 이런 분노와 미움은 좋은 부모가 되지 못했다는 자책으로 이어집니다. 이는 양육할 때 가장 경계해야 할 악순환입니다.

'나는 좋은 부모가 될 수 있을까?'
'우리 아이는 도대체 왜 그러는 걸까?'

이런 고민 속에서 부모는 자신이 느끼는 무력감, 좌절감, 두려움을 아이에게 '화'라는 감정으로 표출합니다. 사실 누구나 화를 냅니다. 정도와 빈도가 다를 뿐이지요. 부모도 아이에게 화가 날 수 있습니다. 다만 화를 아이에게 여과 없이 표출했을 때가 문제입니다. 화나는 것과 화를 내는 것은 다릅니다. 그럼 화가 나더라도 화를 내지 않는 법이 있을까요? 아니, 근본적으로 화가 덜 나는 법은 없을까요?

대부분의 부모는 아이를 오해하거나 마음에 여유가 없을 때 아이에게 화를 냅니다. 순간 밀려오는 막막함, 두려움, 조급함에 휩싸여 자기도 모르게 버럭 화를 내고 뒤돌아 후회합니다. 아이의 상황을 이해한다면, 마음에 여유가 생긴다면 아이에게 화내는 일이 줄지 않을까요?

예를 들어보겠습니다. 한 부모가 24개월 된 아이를 문화센터 영유아 프로그램에 데려갔습니다. 부모는 프로그램이 아이의 인지·정서발달에 도움이 된다니 아이에게 좋은 경험이 될 거라고 생각했습니다. 육아 선배가 추천했기에 더 욕심이 났지요. 인기 강좌에 선착순 방문 접수, 수많은 경쟁자라는 악조건을 이겨내고 수강 신청에 성공했습니다.

그런데 막상 수업에 가니 아이는 멀찍이서 교실 안을 힐끔힐끔 쳐다보기만 할 뿐 들어가지 않으려 합니다. 부모는 예상치 못한 상황에 당황했지만 그래도 아이를 달래보고 아이가 왜 그러는지 이해해보려 했습니다. 하지만 이내 아이가 자신의 마음을 몰라주는 것 같아 답답하고, 그동안 들인 노력과 시간과 돈이 아깝다는 생각에 화가 납니다.

만약 부모가 '아이가 괜히 보챈다', '관심을 끌려고 한다'고 생각하면 짜증이 날 수 있습니다. 한편으로는 자신이 무엇을 잘못한 것은 아닌지, 나중에 커서도 아이가 이러면 어쩌지 하는 불안감도 생길 수 있습니다. 짜증과 불안이 뒤섞인 상태에서 부모는 자신도 모르게 아이에게 화를 내고 아이는 결국 울음을 터뜨립니다. 아이에게 도움이 될 것 같아 시간을 내 수업에 왔지만 결국 부모는 울다 지친 아이를 데리고 무거운 마음으로 집에 돌아갑니다.

만약 부모가 아이를 조금 다르게 바라본다면 어떨까요? 아이를 완벽히 이해하지 못하더라도, 적어도 아이의 행동을 오해하지 않는다면 부모가 화를 내는 일은 줄어들 것입니다. 아이가 '괜히 보챈다'가 아닌 '어떤 어려움이 있어서 그럴까?'라고 생각한다면, 오해에서 비롯된 부정적인 감정을 아이에게 덜 느끼게 됩니다. 그리고 지금 아이의 모습이 성장하는 과정에서 자연스럽게 나타날 수 있다는 점을 이해한다면, 좀 더 너그럽게 아이를 대할 수 있습니다.

아이에게 화를 내지 않는 가장 효과적인 방법은 아이를 바르게 이해하는 것입니다. 일반적인 인간관계처럼 아이와 부모의 관계도 서로에 대한 이해가 있어야 건강하게 지속할 수 있습니다. 특히 부모가 '아이를 이해하는 일'은 화내지 않는 양육의 출발점이라 할 수 있습니다.

양육은 흑백논리가 아닌 스펙트럼

"24개월 낯가림이 심한 아이, 어떻게 해야 하나요?"

부모가 많이 하는 질문 중 하나입니다. '이렇게 하면 됩니다!'라는 명확한 답을 얻기 위해 끊임없이 인터넷 검색을 하거나 가까운 육아 선배에게 물어보기도 하지요. '내 아이는 이렇게 했더니 괜찮아졌어'라는 이야기를 듣고 그 방법대로 해보지만 아이의 낯가림은 크게 변하는 것 같지 않아 실망합니다.

앞에서 이야기한 문화센터에 들어가지 않으려는 아이를 다시 한 번 생각해보죠. 이 상황에서 답은 무엇일까요? '그래도 억지로 아이를 데리고 수업에 들어가야 한다'일까요? 아니면 '아이를 달래고 아이가 준비될 때까지 기다려야 한다'일까요?" 많은 부모가 이 두 가지 중에 어떤 것이 맞는지 궁금해합니다. 실제로 '(두 가지 선택지 중에) 어떤 것이 맞나요?'라는 질문은 제가 소아정신과 의사로서 가장 많이 듣는 질문 다섯 가지에 속합니다.

부모의 기대와는 달리 양육에 대한 대부분의 답은 한 가지가 아닙니다. 그렇다면 답이 없는 것일까요? 그렇지는 않습니다. 정확하게 말하자면 답은 '스펙트럼'의 어딘가에 존재합니다. A 아니면 B라는 양극단의 방법 사이에 수많은 선택지가 있습니다. 예를 들어 아이를 데리고 수업에 들어가는 것과 아이를 안심시키고 기다리는 것 사이에는 '얼마 동안은 기다려보다가 나중에 들어간다'는 선택지가 있습니다. 그리고 이 선택지도 '얼마 동안'을 어떻게 정의하느냐에 따라 세부적으로 나뉩니다.

만약 선택지가 단 두 가지뿐이라면 그 선택에 따른 부작용은 클 겁니다. 아이를 강제로 끌고 가면 아이의 감정과 의사를 존중하지 않게 되고, 대책 없이 무조건 기다리기만 한다면 아이에게 변화의 기회를 주지 못합니다. 무채색 그림을 그리더라도 다양한 명도를 표현해야 생생한 그림이 되듯, 양육에서도 양자택일이 아닌 다양한 선택지를 고려해야 합니다.

상황과 시기에 맞는 방법을 찾으려면

그럼 어떻게 선택지를 다양하게 만들 수 있을까요? 질문을 바꿔서, 왜 두 가지 선택지만 먼저 떠오르는 걸까요? 그 이유는 부모가 상황을 충분히 이해하지 못했기 때문입니다. 부모 눈에는 아이가 문화센터에 들어가지 않는 겉모습만 보입니다. 그래서 '아이가 수업에 들어가지 않는다, 그러면 아이를 억지로 데리고 들어가거나 아니면 그대로 기다린다'라는 단순한 논리가 생긴 것입니다.

문제가 발생했을 때 원인을 알아야 해결할 수 있습니다. 아이가 보이는 행동 이면에 숨은 이유와 생각의 과정을 알아야 대책을 세울 수 있는 것입니다. 부모가 상황을 다양하게 이해하면 자연스럽게 대처 방법도 다양해집니다. 즉, 답을 얻기에 앞서 문제 분석을 해야 합니다.

다시 생각해봅시다. 아이가 문화센터에 들어가지 못하는 이유가 무엇일까요? 만약 아이가 수업에 들어가기 싫어하는 이유를 다양하게 찾는다면 부모는 그에 맞는 대책을 세울 수 있지 않을까요? 혹시 아이의 행동에 대처하는 부모의 반응이 아이에게 어떤 영향을 미치지는 않나요? 이 상황에서 아이가 거부 반응을 보이는 이유와 이에 대한 부모의 반응을 몇 가지 살펴보면 다음과 같습니다.

아이가 문화센터에 들어가지 않는 이유와 부모의 반응

아이의 이유 1　아직 부모와 떨어지는 것이 무섭다. 그래서 모르는 사람들과 함께 있는 것이 어렵다.

아이의 이유 2　원래 타고난 성향이 그렇다. 다른 아이에 비해 사람과 익숙해지는 데 시간이 좀 더 걸린다.

아이의 이유 3　떼를 쓰면 부모가 사탕을 준 적이 있다. 그래서 오늘도 떼를 써본다.

아이의 이유 4 비슷한 곳에 간 적이 있는데 누군가에게 크게 혼난 기억이 있다.

부모의 반응 1 아이를 위해 여기까지 왔는데, 화가 난다.

부모의 반응 2 소심해 보이는 아이 모습이 불만스럽다. 강하게 키워야 할 것 같아서 억지로 끌고 들어간다.

부모의 반응 3 이럴 때는 아이의 마음을 읽어줘야 한다고 들었다. 계속 달랜다.

부모의 반응 4 이렇게 계속 울면 아이에게 상처로 남을까 봐 두렵다.

아이의 이유 네 가지, 부모의 반응 네 가지만 하더라도 4 곱하기 4, 열여섯 가지 조합이네요. 사실 이외에도 수많은 이유와 반응이 있을 수 있습니다. 그러니 그 조합은 생각보다 아주 많습니다. 또한 아이가 한 가지 이유가 아닌 여러 이유로 행동할 수도 있습니다. 무서운 마음에 떼를 써서라도 상황에서 벗어나고 싶어서 그럴 수도 있지요. 부모의 반응도 한 가지만 있는 것이 아닙니다. 화를 내면서도 달래기도 하고, 아이를 억지로 끌고 교실에 들어갔다가도 아이가 밖으로 나가려고 하면 그냥 데리고 나오기도 합니다.

따라서 '문화센터 수업에 안 들어가려고 하는 24개월 아이, 어떻게 해야 하나요?'라는 질문에 한 가지 정답이 있을 수는 없습니다. 아이가 왜 그러는지, 그리고 부모는 보통 어떻게 반응하는지를 명확히 알아야 부모와 아이에게 맞는 해결책이 보입니다. 부모가 문제를 제대로 살필 수 있다면, 아이가 상황을 이해하는 과정을 안다면 전문가처럼 다양한 방법을 찾을 수 있습니다.

수학 문제를 풀 때 과정이 중요하다는 이야기를 많이 합니다. 유형에 따라 정답만 빨리 찾아내려고 하다보면 문제를 조금만 변형해도 전혀 풀 수 없기 때문이죠. 하지만 답을 추론하는 과정을 안다면 언제라도 응용할 수 있습니다. 그래서 좋은 선생님은 학생에게 정답을 빨리 찾는 법이 아니라 문제를 해결하는 '과정'을 알려줍니다. 양육 전문가의 역할도 부모에게 상황마다 답을 주는 것이 아니라, 부모가 문제를 전문가처럼 바라보고 해결할 수 있도록 그 과정을 알려주는 것입니다. 근본적으로 부모가 상황과 시기에 맞는 다양한 방법을 스스로 찾는 능력을 기를 수 있도록 말이죠.

언제나 통하는 정해진 답은 없습니다. 부모 스스로 상황이 발생한 원인을 생각해보면 다양한 해결책을 찾을 수 있습니다. 그 과정에서 아이를 좀 더 이해하고 오해하지 않을 수도 있고요. 결국 '이 상황에서 이렇게 하세요'를 수동적으로 받아들이는 것이 아니라, '이 상황이 왜 생겼는지, 이때 고려할 것이 무엇인지, 그래서 어떻게 해야 하는지'를 능동적으로 찾는 능력이 부모에게 필요합니다. 이미 여러분도 전문가입니다. 과정만 볼 수 있다면요.

아이를
기르는 일에
필요한 세 가지

'양육養育'의 의미를 국어사전에서 찾아보면 '아이를 잘 자라도록 기르고 보살핌'이라고 적혀 있습니다. 그럼 아이가 잘 자라도록 기르고 보살피는 데 무엇이 필요할까요? 양육을 식물을 기르는 일에 빗대어 설명해보겠습니다.

집에서 식물을 기르려면 무엇이 필요할까요? 우선 씨앗이나 모종을 준비해야 합니다. 그리고 흙과 물, 화분도 필요하지요. 또 무엇이 있을까요? 눈에 보이지는 않지만 공기와 햇빛도 필요합니다. 이 중 어느 하나라도 부족하면 식물이 잘 자라기 어렵습니다.

구체적으로 '식물에 물주기'를 살펴볼까요? 물을 너무 적게 주면 식물이 말라 죽습니다. 반면에 너무 많이 주면 뿌리가 썩어 버리지요. 그럼 물의 양은 어떻게 정할까요? 무조건 매일 한 컵씩 주면 되나요? 아닙니다. 식물 종류에 따라, 계절에 따라 물 양을 조절해야 합니다. 선인장에는 적은 양의 물을 띄엄띄엄 주어야 하고, 고무나무에는 충분히 자주 주어야 합니다. 겨울철에는 여름철보다 물 주는 횟수를 줄여야 합니다. 이처럼 시기와 상황에 맞게 적당량의 물을 '주는 것'은 식물이 성장하는 데 필수 요소입니다.

씨앗에서 싹이 나고 뿌리를 단단히 내리면 식물은 하늘을 향해 저마다의 속도로 무럭무럭 자랍니다. 식물이 하루가 다르게 자라는 모습을 보면 키우는 사람도 신이 나지요. 그런데 너무 잘 자라다 보니 곁가지도 생깁니다. 이때는 선택과 집중이 필요합니다. 식물이 보통 이상으로 너무 많이 자라 연약해지지 않도록 곁가지 일부를 제거하고 다듬습니다. 줄기식물은 곧게 자라서 보다 많은 햇빛을 받도록, 과실나무는 좀 더 풍성한 열매를 맺도록 말이지요. 이러한 '다듬기'는 식물에 해를 가하는 것이 아니라, 오히려 식물이 건강하게 자랄 수 있도록 도와주는 일입니다.

더불어 식물이 잘 자랄 수 있도록 주변 환경을 '관리'해야 합니다. 해충이나 잡초가 있을 때, 기온이 너무 높거나 낮을 때 식물은 잘 자라기 어렵습니다. 특히 병충해와 기온 변화 등에 취약한 어린 식물은 사람의 손길과 도움이 필요합니다. 사람이 직접 해충을 잡고 잡초를 뽑으며 온도를 적절하게 맞춰주어야 하겠죠.

만약 식물을 기르는 사람이 주고, 다듬고, 관리하는 일을 제대로 하지 않으면 어떨까요? 처음에는 물을 잘 주고 가지치기도 하고 잡초도 뽑으며 잘 길렀는데 갑자기 돌보던 사람이 아프거나 멀리 여행을 간다면 식물을 보살피기 어렵습니다. 또한 원래 키우기 어렵고 손이 많이 가는 식물인 경우에는 아무리 경험이 많은 사람이라고 해도 세심한 주의가 필요합니다. 결국 해충을 잡고 잡초를 뽑는 일뿐 아니라 식물을 돌보는 사람이 겪는 어려움을 '관리하는 일' 또한 식물이 잘 자라는 데 중요합니다.

식물을 기르는 세 가지 핵심 방법인 주기, 다듬기, 관리하기는 양육에도 적용할 수 있습니다. 양육의 첫 단계 '주기'는 부모가 아이에게 알맞은 양과 빈도로 무언가를 주는 것을 말합니다.

여기서 무언가는 신체 발달뿐만 아니라 인지·정서발달에 필요한 영양분을 말합니다. 다음 단계인 '다듬기'는 아이가 사회 구성원으로서 제 몫을 다하도록 부모가 아이를 가르치는 것을 말합니다. 아이는 다듬기를 통해 욕구와 만족을 지연하는 법, 약속과 규칙을 지키는 법을 배우며 사회에 적응하고 생존하는 능력을 키웁니다. 마지막으로 '관리하기'는 부모가 아이의 성장에 도움이 되는 환경을 만드는 것을 말합니다.

부모가 아이를 기르며 반드시 기억해야 할 것은 바로 주기, 다듬기, 관리하기입니다. 모든 양육 방법은 결국 이 세 가지로 수렴됩니다. 앞으로 이 세 가지를 3장부터 5장에 걸쳐 알아보겠습니다. 그리고 6장에서 부모가 자주 묻는 궁금증들을 살펴보고 이 세 가지가 실제 사례에서 어떻게 적용되는지 알아보겠습니다.

이것만은 꼭 기억하세요

식물 기르기와 양육의 3가지 공통점

❶ 주기

- 씨앗, 흙, 물, 공기, 햇빛 등을 적절한 시기에 넘치거나 부족하지 않게 주기
- 인지·정서발달에 필요한 영양분 제공하기

❷ 다듬기

- 웃자람을 막고 건강하게 자랄 수 있게 곁가지 치기
- 욕구와 만족을 지연하는 법, 약속을 지키는 법 가르치기

❸ 관리하기

- 해충과 잡초를 제거하고 식물을 돌보는 사람이 겪는 어려움을 관리하기
- 아이의 성장에 도움이 되는 환경 만들기

아이가
잘 자란다는 것

아이가 잘 자라는 데 '보살핌'이 필요하다는 사실은 모든 부모가 잘 알고 있습니다. 그래서 부모들은 아이를 보살피는 일에 온 힘을 쏟습니다. 밤에 수시로 깨는 아이를 돌보느라 수면 부족에 시달리기도 하고 아이를 제때 씻기고 먹이고 챙기느라 본인의 식사 시간을 놓치는 일은 다반사입니다.

그런데 '잘 자라는 것'은 무엇을 의미할까요? 이 질문에 대한 부모의 생각은 저마다 다릅니다. 어떤 부모는 아이가 건강하기만 해도 잘 자란다고 생각합니다. 어떤 부모는 아이가 공부를 잘하는 것을, 어떤 부모는 아이에게 친구가 많은 것을 잘 자라는 것으로 생각합니다.

'잘 자라는 것'을 정의하는 데 있어 '아이가 행복하게 자랐으면 좋겠다'는 바람은 모든 부모가 같습니다. 그렇다면 행복은 무엇일까요? 행복하려면 무엇이 필요할까요? 돈, 외모, 성적, 친구? 생각하면 생각할수록 어려운 질문입니다. 또한 부모와 아이가 생각하는 행복의 기준이나 조건이 다를 수도 있습니다. 결국 부모마다, 아이마다 바라는 것이 모두 다를 테니 '잘 자라는 것의 의미'를 묻는 질문에 단 한 가지 답을 말하기란 어렵습니다.

앞에서 이야기한 식물 기르기로 돌아가 봅시다. 식물이 잘 자란다는 것은 무엇일까요? 예쁜 꽃을 피우는 것일까요? 줄기가 곧고 튼실하게 자라는 것일까요? 아니면 열매를 풍성하게 맺는 것일까요? 이에 대해서도 사람마다 생각이 조금씩 다를 것입니다.

중요한 점은 식물을 키울 때 식물 고유의 특성이 최대한 발현되어야 한다는 것입니다. 선인장을 심었으면 선인장으로 크고 해바라기를 심었으면 해바라기로 자라겠죠? 선인장에서는 굵은 줄기와 가시가 나오고, 해바라기는 노란 꽃을 피울 겁니다.

선인장을 심어 놓고 해바라기가 피기를 바라는 사람은 없을 테지요.

그러니 선인장과 해바라기 중 어느 것이 우월하냐, 좋은 것이냐는 질문은 무의미합니다. 각자의 특색과 매력이 있기 때문이죠. 그런데 간혹 부모는 아이를 키우면서 '선인장과 해바라기 중 어느 것이 좋은 것이냐' 같은 질문을 합니다. '내 아이가 나은가? 저 아이가 나은가?' 내 아이와 다른 아이를 비교하면서 우쭐대기도 하고 실망하기도 하지요.

'아이가 잘 자란다는 것은 무엇인가?'는 어려운 질문입니다. 다만 아이가 잘 자란다는 것을 정의할 때 변하지 않는 중요한 사실은 아이가 가진 특성을 존중해야 한다는 점입니다.

아이마다 각기 다른 재능과 특색을 갖고 있기에 일률적으로 성적이 좋으면, 외모가 훤칠하면, 아프지 않고 건강하면, '아이가 잘 자란 것'이라고 말할 수 없습니다. 아이의 모습을 있는 그대로 봐주고 아이 자신도 그 모습을 이해하고 받아들이게 도와주는 것이 부모의 역할입니다.

유행처럼 번지는 '자존감 높이는 법'의 핵심이 바로 있는 그대로 자신의 모습을 받아들이는 것입니다. 아이 스스로 자신을 받아들일 수 있을 때 아이는 행복할 수 있습니다. 아이의 자존감이 높기를 바란다면, 아이가 행복하길 바란다면 있는 그대로의 아이 모습을 존중해주세요. 아이가 잘하는 것은 잘하는 대로 어려워하는 것은 어려워하는 대로 받아들이고, 아이의 강점은 좀 더 드러나게 약점은 인정하되 이를 보완할 수 있게 도와주어야 합니다.

좋은 양육이란 아이를 잘 관찰해 아이의 잠재력을 발견하고, 이를 최대한 발현하도록 도와주는 것입니다. 자, 이제 우리 아이를 봅시다. 우리 아이는 어떤 아이인가요? 아이의 능력과 특성은 무엇인가요?

2장

발달 이론,
핵심만 간단하게

'발달 이론'은 아이의 신체, 지능, 정서가 성장하는 과정을 설명하는 이론입니다. 이 이론은 아이를 이해하고 기르는 데 반드시 필요합니다. 당장 써먹을 수 있는 양육의 비법을 알고 싶은데 복잡해 보이는 '발달 이론'까지 알아야 하나 싶을 겁니다. 현실적인 정보가 아닌 것처럼 보일 수도 있고요.

하지만 발달 이론은 아이를 키우며 겪는 어려움을 해결할 수 있는 근본적인 길잡이입니다. 전문가가 부모에게 '현실적인 조언'을 하는 근거도 발달 이론입니다. 저 역시 진료실에서 발달 이론에 기초해 아이의 발달 단계와 부모의 양육 태도를 가장 먼저 살펴봅니다. 아이는 어느 발달 단계에 속하는지, 부모가 아이의 발달 단계에 적합한 태도를 보이는지, 오히려 발달에 해가 되거나 꼭 피해야 하는 행동을 하지 않는지를 확인합니다. 이때 부모에게 아이 발달에 적합한 태도를 알려주는 것만으로도 많은 문제가 해결됩니다.

다양한 관점의 발달 이론을 모두 이해하거나 공부할 필요는 없습니다. 아이에게 적합한 양육 태도를 부모 스스로 고민해볼 수 있을 정도만 알아도 충분합니다. 이 장에서는 부모가 꼭 알았으면 하는 내용, 아이를 기르고 보살피는 데 도움이 될 내용만 추려보았습니다. 부디 이 장에서 살펴볼 발달 이론에서 양육의 힌트를 얻길 바랍니다.

발달 이론을 배우기 전 부모가 꼭 알아야 하는 두 가지

발달 이론을 배우기 전에 부모가 꼭 알아야 할 두 가지가 있습니다. 하나는 아이마다 발달 속도가 다르다는 점이고, 다른 하나는 발달이 전진과 후퇴를 반복한다는 점입니다.

발달 속도는 아이마다 다릅니다. 일반적으로 생후 12개월이 되면 말하고 걷기 시작합니다. 이는 내 아이가 꼭 그때 말하고 걷기 시작한다는 의미는 아닙니다. '(일반적으로) 이 연령에서 이것을 할 수 있다'고 제시하는 기준 연령은 평균값일 뿐이며, 실제 발달 시작 연령은 정규분포(평균값을 중심으로 좌우대칭 종 모양을 이루는 분포)를 따릅니다. 즉, 연령별 발달 단계는 아이마다 천차만별입니다. 어떤 아이는 말하기와 걷기가 또래에 비해 빠르고, 어떤 아이는 조금 늦을 수 있습니다. 모든 아이가 같은 시기에 걷고 말하지 않습니다.

또한 한 아이의 언어, 운동 등 각 영역의 발달 속도도 다릅니다. 어떤 아이는 언어 발달은 빠르지만, 운동 발달은 늦을 수 있고, 어떤 아이는 반대일 수 있습니다.

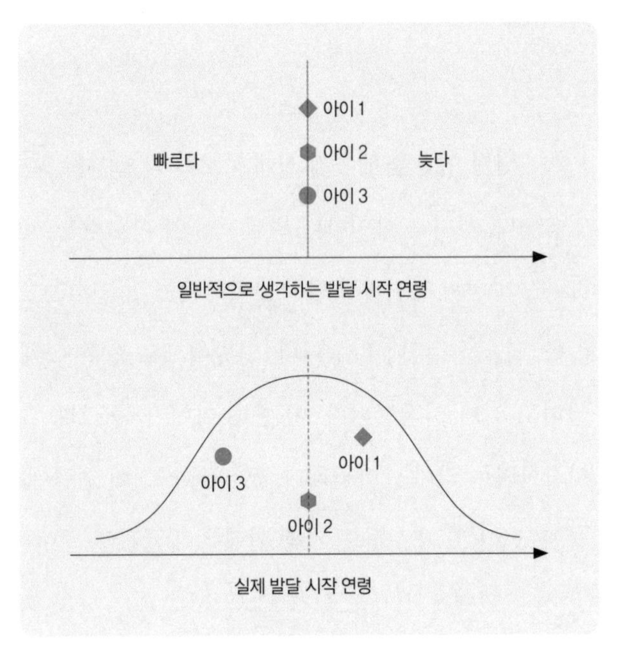

아이마다 다른 발달 속도

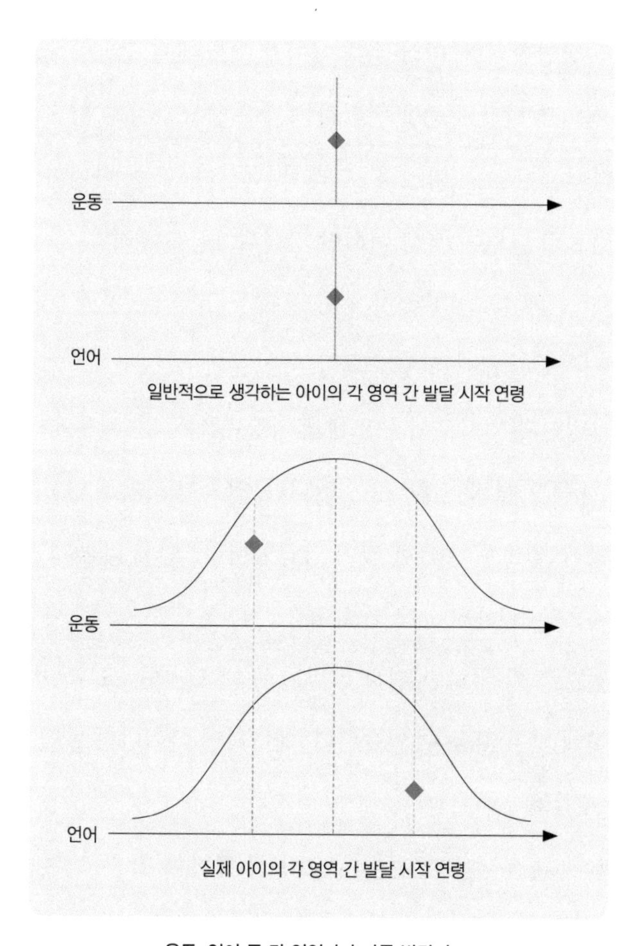

운동, 언어 등 각 영역마다 다른 발달 속도

아이가 평균보다 늦거나 뒤처지는 것 같을 때 부모는 불안해합니다. 그러나 생각해보면 아이마다 사라는 속도가 다른 것이 너무도 당연합니다. 따라서 내 아이가 어느 발달 단계에 있는지 알고 영역별 발달 수준을 점검하는 것은 중요하지만, 단순히 평균보다 '늦다' 또는 '빠르다', 그래서 '괜찮다' 또는 '아니다'처럼 이분법으로 나누는 것은 피해야 합니다. 즉, (개별적인) '내 아이의 발달 단계'는 알아야 하지만 (집단의) '평균값, 평균 연령'에 너무 연연하지 않아도 됩니다.

소아정신과 의사로서 부모에게 가장 많이 듣는 질문 중 하나는 '○○을 언제 해야 하나요?'입니다. 정확한 시기를 알면 미리 준비할 수 있으니 궁금한 것이 당연합니다. '언제'라는 질문('언제' 대소변을 가려야 하나요? '언제' 훈육을 시작해야 하나요? 등)에 대해 일반적으로 이때 하면 된다고 말할 수는 있지만, 그 답변이 내 아이에게 맞지 않을 수 있습니다. 왜냐하면 아이마다 발달 속도가 다르기 때문이지요.

발달 이론을 배우기 전에 부모가 꼭 알아야 할 두 번째는 아이의 발달은 전진과 후퇴를 반복한다는 점입니다. 배변 훈련을 하는 아이가 있습니다. 오늘은 아이가 변기에 앉아 변을 보았습니다. 아이는 내일도 배변에 성공할까요? 꼭 그렇지 않습니다. 성공할 수도 있고 실패할 수도 있습니다. 중요한 것은 전진과 후퇴를 반복하면서 아이가 조금씩 앞으로 나아가는지 여부입니다. 하루하루 이루는 성공이 아니라 6개월, 1년 뒤에 지금보다 성장해 있는지가 중요합니다.

아이에게 오늘의 실패는 걷기, 대소변 가리기 등 한 인간으로 살아가기 위해 필요한 능력을 확실하게 습득하는 과정일 뿐입

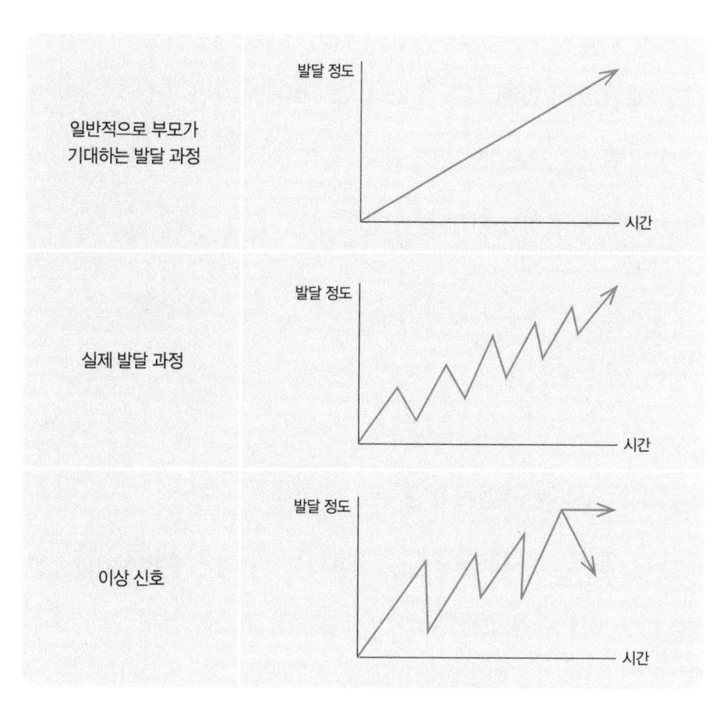

부모가 생각하는 발달 과정과 실제 발달 과정

니다. '연습이 완벽함을 만든다Practice makes perfect'라는 격언은 아이가 성장하는 과정에도 적용됩니다.

또한 아이는 나이가 어릴수록, 상황과 환경에 따라 '퇴행' 행동을 보일 수 있습니다. 어제는 아이가 이제 다 컸다고 뿌듯해하다가도 오늘은 실망할 수도 있지요. 이럴 땐 아이를 지켜보는 느긋함이 필요합니다.

물론 발달이 지속적으로 멈춰 있거나, 오히려 점점 퇴행만 한다면 재빨리 개입해 도움을 줘야 합니다. 하지만 발달이 진행되고 있다면 조금 느려도 괜찮습니다. 부모는 그저 차분히 아이의 발달 방향이 올바른지만 관찰하면 됩니다.

이것만은 꼭 기억하세요

❶ 발달 속도는 아이마다 다르다: 이론적으로 정립된 발달 시기와 단계는 '일반적'인 모습일 뿐 내 아이는 조금 빠를 수도, 느릴 수도 있다.

❷ 발달은 전진과 후퇴를 반복한다: 발달이 항상 앞으로 나아가는 것은 아니다. 1보 후퇴한다고 해서 너무 걱정하지 말자. 2보 전진하면 된다.

0~3세 발달 이론, 이것만 알면 된다

'내 아이'를 이해하기 위해서는 '일반적인 아이의 성장 과정'을 먼저 살펴봐야 합니다. 기본 개념을 알아야 문제를 풀 수 있는 것과 마찬가지입니다. 발달을 공부하는 것도 부모 되기 연습이라 할 수 있습니다. 아는 만큼 보이고 보이는 만큼 이해할 수 있습니다.

다음 표에 정리한 발달 이론은 에릭 에릭슨Erik Erikson의 심리사회적 발달psychosocial development 이론, 장 피아제Jean Piaget의 인지발달cognitive development 이론, 마거릿 말러Margaret Mahler의 분리-개별화separation-individuation 이론입니다. 각 내용은 〈아이는

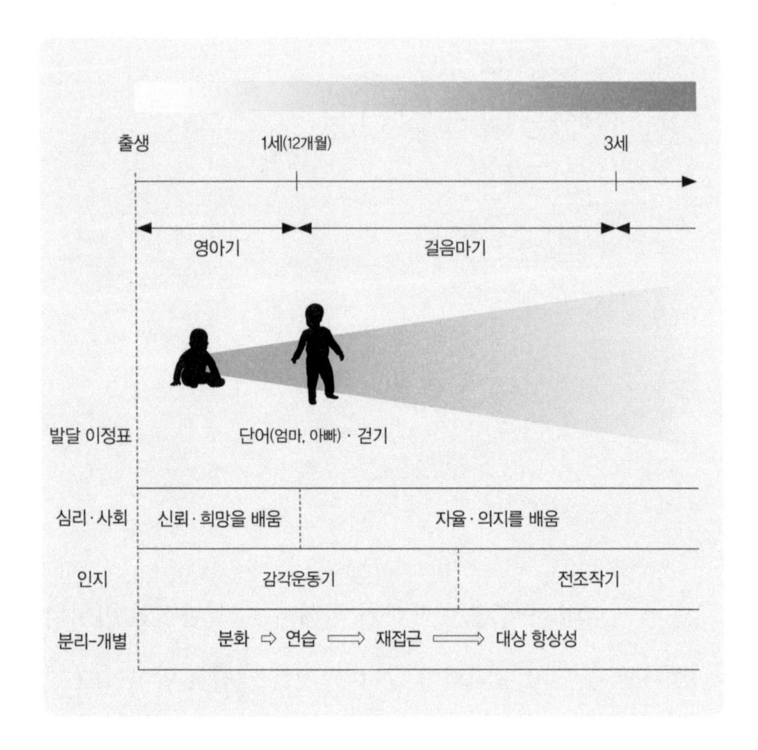

무엇을 배우나요?〉(66쪽), 〈아이는 어떻게 배우나요?〉(72쪽), 〈아이는 어떻게 부모에게서 멀어지나요?〉(78쪽)에서 자세히 살펴보겠습니다. 접근하는 방식만 다를 뿐, 각 이론의 목적은 아이를 이해하기 위한 도구라는 점에서 동일합니다. 이 도구들을 이용해 부모는 다양한 각도에서 아이를 바라보고 양육의 감을 잡을 수 있습니다.

표 가장 위에 색상이 점점 진해지는 띠가 있습니다. 이는 발달 과정이 연속적이라는 것을 의미합니다. 예를 들어 12개월 아이는 '걷기'라는 운동 발달 과제를 시작합니다. 그런데 364일까지 못 걷다가 365일째에 걸을까요? 아닙니다. 아이는 돌이 되기 몇 달 전부터 혼자 일어서려고 애를 씁니다. 잠시 일어섰다가 주저앉기를 반복하면서 다리 힘을 기릅니다. 그리고 마침내 혼자 힘으로 세상을 밟고 섭니다. 이제 아이는 걷고, 넘어지고, 일어서기를 반복하며 걷는 일에 점차 익숙해집니다. 발달 과정은 전진과 후퇴를 반복하기에 아이는 수없이 넘어지고 다시 일어나 걸으며 성장합니다. 넘어지고 일어나는 과정을 반복하면서 근육과 균형 감각이 발달하고 점차 조금 더 멀리, 빨리 걷게 됩니다. 그렇게 걷다가 뛰는 과정으로 자연스럽게(연속적으로) 넘어갑니다.

색상 띠 아래에는 연령이 있고, 그 밑에는 '영아기', '걸음마기'라 쓰여 있습니다. 전문가들은 학문적 편의를 위해 연령에 따라 발달 단계를 영아기, 걸음마기로 나눕니다. 대략 생후 12개월까지를 '영아기', 12개월부터 36개월 혹은 48개월까지를 '걸음마기'라고 합니다. 그런데 도대체 12개월이 어떤 의미를 지니기에 영아기와 걸음마기를 12개월을 기준으로 나누었을까요?

1세,
첫 걸음과
첫 마디

왜 12개월을 기준으로 영아기와 걸음마기를 나눌까요? 그 이유는 생후 12개월 즈음 아이의 언어, 운동 발달에 큰 변화가 일어나기 때문입니다. 그럼 12개월 아이의 언어와 운동(대근육) 발달에서 가장 중요한 변화는 무엇일까요? 바로 아이가 돌 무렵에 '첫 단어를 말하고 혼자 걷기 시작한다'입니다(발달 과정에서 나타나는 운동, 인지, 언어, 사회, 정서 행동 중 중요한 행동을 발달 이정표developmental milestone라고 부릅니다. 12개월 아이에게 언어 발달 이정표는 '말하기'이고, 운동 발달 이정표는 '걷기'입니다).

말하기와 혼자 걷기는 한 인간의 삶에 매우 중요한 사건입니다. 우선 '말하기'를 생각해보죠. 아이가 "엄마", "아빠"라고 말한 것은 그 의미가 매우 큽니다. 단어를 말했다는 것에는 다른 사람과 언어적 교환을 할 수 있다는, 좀 더 넓게는 자신의 의사를 구체적으로 밝혀 폭넓은 상호작용이 가능하다는 의미가 담겨 있습니다. 따라서 '말하기'는 발달 과정에서 굉장히 중요한 요소입니다.

아이가 첫 단어를 말했을 때 부모는 기쁨과 놀라움에 아이를 바라봅니다. 아이의 첫 마디는 단순하지만 부모에게 벅찬 감동을 줍니다. 아이가 처음으로 자신이 부모를 찾는다는 메시지를 '언어'로 전달했기 때문입니다. 언어로 표현하기 전에도 아이와 부모는 서로 사랑을 느끼고 간단하게 소통해왔습니다. 하지만 언어 표현을 통해서만 비로소 구체적이고 다양한 정보를 전달할 수 있습니다.

아이는 "엄마", "아빠"라고 말하며 부모를 부르고, "싫어"라는 말로 거부 표현을 하며, "좋아"라는 말로 만족을 나타내기도 합니다. 물론 소리를 지르거나 물건을 던지고 얼굴을 찡그리는 방식으로 싫다는 의사를 표현할 수도 있습니다. 하지만 아이가 말로 표현하면 아이와 부모 모두 덜 답답하고 서로 이해하기 쉬워집니다. 정확히 어떤 것이 아이 마음에 들지 않는지, 그래서 무엇을 원하는지 부모가 알게 되는 거죠. 이처럼 언어 발달은 의사 전달을 가능하게 해 사람 사이의 관계를 형성하는 데 중요한 역할을 합니다. 언어 발달이 언어 능력에만 국한되는 것이 아니라 사회성 발달에도 큰 영향을 끼치는 것이지요.

'말하기'가 중요한 또 다른 이유는 아이가 각 단어에 맞는 의미가 있음을 알게 된다는 점에 있습니다. 예를 들어 아이가 아무에게나 엄마라고 말하는 것과 특정 사람에게만 엄마라고 부르는 것은 매우 다릅니다. 그래서 저는 부모에게 "언제부터 '엄마', '아빠'라는 단어를 말했나요?"보다는 "언제부터 엄마를 엄마로, 아빠를 아빠로 불렀나요?"라고 물어봅니다. 아이가 단 한 사람을 보면서 "엄마"라고 말할 수 있다는 것은 "엄마"라는 소리(단어)와 특정 대상(의미)을 연관시킬 수 있다는 의미입니다. 단어와 의미를 연결시킬 수 있다는 것은 실제 대상이 아이 곁에 잠시 없더라도, 아이가 그 대상을 머릿속으로 떠올릴 수 있는 능력의 전제조건이 됩니다. 따라서 단어를 말하는 것은 단순히 언어 발달뿐만 아니라 인지발달도 동반하는 것이죠.

그럼 '걷기'에는 어떤 의미가 있을까요? 걸을 수 있다는 것은 아이 스스로 탐험하는 활동 범위가 늘어난다는 의미입니다. 혼자 걷기 전 아이의 세상은 부모가 아이를 내려놓은 곳 혹은 아이가 기어갈 수 있는 주변 정도로 그 범위가 한정됩니다. 하지만 일단 걷기 시작하면 아이의 세상은 급격히 넓어집니다. 아이 스스로 새로운 경험을 더 많이 하는 거죠. 혼자 걸을 수 있는 아이는 스스로 가고 싶은 곳을 선택합니다. 이전까지 부모가 아이를 안고 원하는 장소에 데리고 갔다면 이제는 아이가 부모의 손을 잡고 자신이 원하는 장소로 끌고 갑니다. 즉, '걷기'는 '내 마음대로 내가 할 거야'라는 자기주장이 강해지는 것과도 연관됩니다.

이것만은 꼭 기억하세요

12개월 언어, 운동 발달 행동 특성

❶ 말을 한다

• 원하는 것을 행동 대신 '말'로 표현할 수 있다. → 상대방이 아이가 원하는 것을 이해할 수 있다. ⇒ 사회성 발달

• 특정 대상을 보고 특정 단어를 말하거나 떠올릴 수 있다. → 특정 대상이 주변에 없어도 그 대상을 머릿속으로 떠올릴 수 있다. ⇒ 인지발달

❷ 걷는다

• 활동 범위가 넓어져 새로운 경험을 더 많이 할 수 있다. ⇒ 양적 변화

• 원하는 곳에 스스로 갈 수 있다. '내가 원하는 건 내 스스로 할 거야'라는 자기주장과 연관된다. ⇒ 질적 변화

아이는 무엇을 배우나요?

에릭슨의 심리사회적 발달 이론에 따르면 각 단계마다 아이가 꼭 배워야 하는 발달 과제가 있습니다. 영아기의 과제는 신뢰와 희망, 걸음마기에는 자율과 의지입니다(더 정확하게는 각 단계에서 아이가 겪는 심리사회적 갈등을 해결하면 특정 덕목을 얻을 수 있다고 합니다. 예를 들어 영아기에는 '믿을 수 있는지 없는지'라는 신뢰의 문제를 겪고 이를 잘 해결하면 희망이라는 덕목을 얻습니다. 다만 이 책에서는 갈등과 덕목을 과제라고 통칭했습니다).

12개월 아이에게 중요한 행동 특성, 발달 이정표는 '말하고 걷기'입니다. 말을 하기 전까지 아이에게는 자신이 원하는 것을

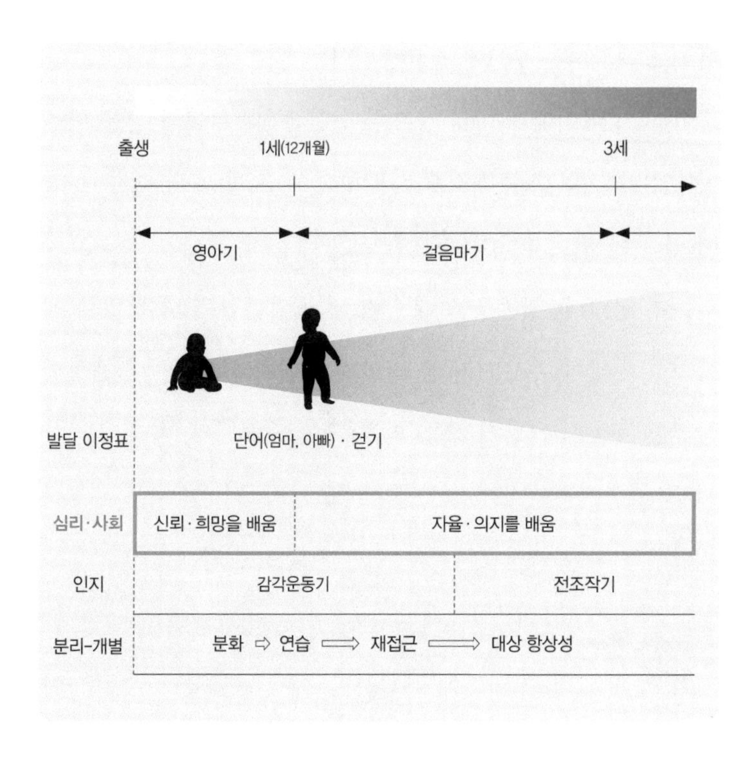

표현할 방법이 많지 않습니다. 고작해야 울기, 보채기, 웃기, 손짓하기뿐이지요. 또한 걷기 전까지 아이는 원하는 곳에 스스로 갈 수 없고, 간다고 해도 범위가 매우 좁습니다. 부모가 정해놓은 공간, 그 주변만을 맴돌 뿐입니다. 따라서 '말하고 걷기 전'인 영아기 아이에게는 '말하지 않아도, 눈빛만 보아도' 문제를 알아채고 해결하는 부모가 필요합니다.

이 시기 아이에게 가장 중요한 질문은 '내 부모가 믿을 만한가?'입니다. 좀 더 구체적으로 말하면 '필요할 때 부모가 내 곁에 있는지, 부모가 내게 필요한 것을 주는지, 부모가 나를 보살피는지'입니다. 생존을 위해 부모에게 의존할 수밖에 없는 영아기 아이에게 '부모가 믿을 만한지 아닌지(신뢰)'는 '이 세상이 살만한 곳인지 아닌지(희망)'와 다름이 없습니다. 따라서 영아기 아이가 배우고 느껴야 하는 것 중 가장 중요한 것은 부모에 대한 신뢰감과 안정감입니다. 이것은 아이가 세상을 바라보는 틀internal working model에 커다란 영향을 미칩니다.

'믿을 수 있다'를 다르게 표현하면 '예측 가능하다'입니다. 아이가 찾을 때 곁에 있고, 아이에게 필요한 것을 주며, 한결같은 태도로 아이를 보살핀다면, 그래서 부모의 모습을 예측할 수 있다면 아이는 부모를 믿습니다. 아이에게 가장 필요한 것은 비싼 분유나 좋은 옷이 아닌 바로 '믿을 수 있는 부모'입니다.

이제 생후 12개월 이후 걸음마기로 넘어가 봅시다. 말하고 걷기 시작한 아이는 원하는 것을 언어로 표현하고 원하는 곳에 스스로 갈 수 있습니다. 자기주장은 강해지고 아이의 세계는 점점 더 넓어집니다. 에너지가 넘치는 아이는 무엇이든 말하고 경험하려 합니다.

이때 부모가 아이의 행동을 막으면 아이는 어떤 반응을 보일까요? 많은 아이가 말이나 고갯짓으로 '싫다'고 표현합니다. 소리를 지르고 떼를 쓰기도 합니다. 부모에게 '네'부터 말하는 아이가 있으면 좋으련만, 그런 아이는 보지 못한 것 같습니다. 걸음마기 아이는 '좋아'보다 '싫어'를 먼저 배웁니다. 남의 간섭을 받지 않고 자기 스스로 하겠다는 강한 '의지'를 먼저 배웁니다. 이 시기 아이의 마음을 한 문장으로 표현하면, "싫어, 내가 할 거야"입니다. 미국에도 미운 두 살 terrible twos(우리나라 나이로는 미운 세 살)이라는 단어가 있는 걸 보면 이 시기 아이가 부리는 고집은 만국 공통인 듯합니다.

고집이 세지고 자기주장이 강해지는 걸음마기 아이를 둔 부모는 간혹 아이를 오해합니다. '아이가 고집만 부린다', '이런 성격이 평생 갈 수 있으니 처음부터 엄하게 해야 한다'는 이유로 아이의 자율보다는 부모의 규율을 강조하기도 합니다. 물론 통제와 훈육이 필요한 때도 있습니다. 아이가 위험한 행동을 하거나 친구를 때린다면 그러지 못하게 막아야 합니다. 하지만 우선 걸음마기 아이가 제멋대로 하려는 것이 지극히 자연스러운 성장 과정이라는 점을 기억했으면 합니다. '내 아이만 그런 게 아니구나', '내 아이가 못된 게 아니구나', '원래 이런 시기가 있는 거구나'라고 생각하며 조금 더 여유를 가져야 합니다. 너무 심하게 아이를 통제하고 제한하는 것은 정상 발달을 가로막는 걸림돌이 됩니다.

걸음마기 아이는 혼자서 자신의 능력을 시험해보고 싶어 합니다. 아직 힘이 부족하지만, 아직 조준이 잘 안 되지만 그래도 블록을 끼워 넣으려 합니다. 반복된 실패에도 굴하지 않고 마침내 성공했을 때, 아이는 성취감을 느낍니다. 힘이 세지고 조절 능력이 좋아지는 건 덤이지요. 누구의 도움도 받지 않고 혼자 해보는 그 과정이, 그래서 아이에게 소중합니다. 따라서 이 시기에 부모는 아이에게 안정된 환경을 제공해주는 것으로 충분합니다. 아이가 조금은 서툴러도 지켜봐주세요.

이것만은 꼭 기억하세요

❶ 말하지도, 걷지도 못하는 영아기

- 부모의 도움이 전적으로 필요한 시기
- '부모가 믿을 만한가?'(신뢰) → '세상이 살 만한가?'(희망)

❷ 말하고 걸을 수 있는 걸음마기

- 부모의 도움이 부분적으로 필요한 시기
- 요구와 거절 표현이 늘고 탐색 범위가 넓어짐
- 아이의 속마음: '내가 할 거야!'(자율, 의지)

❸ 부모 스스로 생각을 정리해보세요!

'12개월 전까지 아이는 스스로 할 수 있는 것이 별로 없잖아. 아이에게 부모가 꼭 필요한 때야. 그러니 아이가 부모를 믿을 수 있는지가 정말 중요해. 12개월부터 아이는 걷기 시작하니까 그 시기를 걸음마기라고 부른대. 걸을 수 있으니 얼마나 신날까? 나라도 간섭받지 않고 마음껏 돌아다니고 싶겠다.'

아이는 어떻게 배우나요?

아이는 세상을 어떻게 경험하고 배워나갈까요? 피아제의 인지발달 이론은 아이가 세상을 경험할 때 어떻게 정보를 받아들이고 처리하는지를 다룹니다.

인지발달 이론에 따르면 생후부터 12~24개월까지를 감각운동기라고 부릅니다. 아이가 누워 있는 공간을 떠올려 보면 보드라운 이불, 은은한 불빛, 아이의 시선을 사로잡는 모빌 등 다양한 모습이 그려집니다. 모빌에 달린 색색의 인형이 이리저리 움직일 때마다 아이는 호기심 가득한 눈으로 쳐다봅니다. 아이가 무슨 생각을 하는지 알 수 없지만, 모빌에 푹 빠진 것 같아 보이

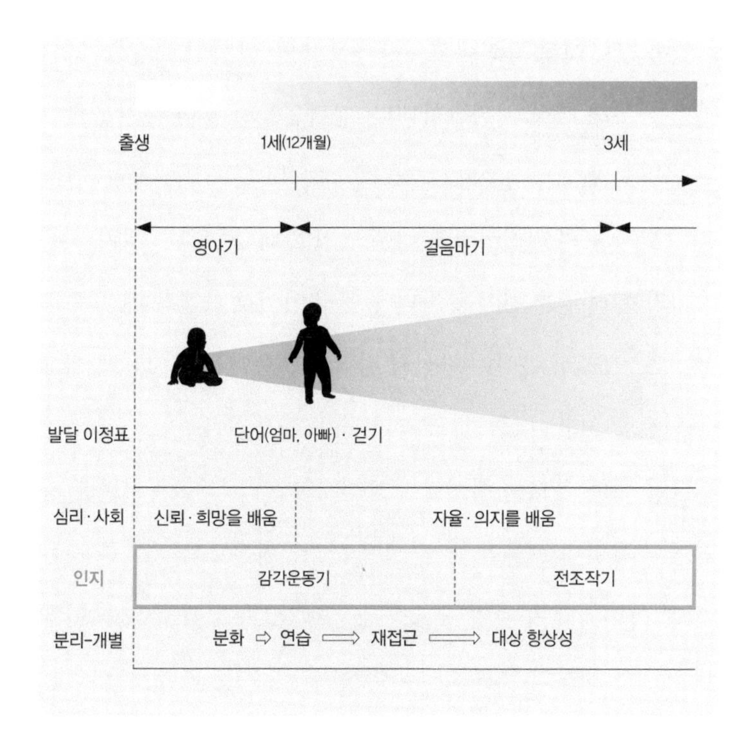

네요. 모빌을 바라보는 아이가 너무 사랑스러운 부모는 아이를 조심스레 안아 봅니다. 아이는 부모를 보고 눈을 반짝입니다. 그리고 부모 품에 안겨 냄새도 맡습니다. 엄마의 머리카락과 아빠의 수염도 만져 봅니다. 여전히 아이가 무슨 생각을 하는지 알 수 없지만, 부모에게도 푹 빠진 것 같군요.

영아기 아이는 움직이고(운동), 보고 듣고 만지고 맡는(감각) 과정을 통해 세상과 접촉합니다. 감각운동기에 아이는 움직이고 만지고 보고 들음으로써 세상을 배웁니다. 모빌에 달린 인형을 보고 부모의 머리카락과 턱을 만지고 냄새를 맡는 것처럼요. 아이가 아직 말을 하지 못하니 당연히 언어로 세상을 배울 수는 없겠죠? 그래서 아이는 자신의 감각과 운동기능을 이용해 세상을 이해합니다.

그럼 이때 부모는 아이를 어떻게 돌봐야 할까요? 어떻게 하면 인지발달에 도움을 줄 수 있을까요? 이론보다 중요한 것은 '이때 아이에게 무엇이 중요한가? 그래서 부모가 무엇을 어떻게 해줘야 하는가?'입니다. 감각(시각, 청각, 미각, 후각, 촉각)과 운동을 통해 세상을 배우는 시기에 부모가 해야 할 일은 아이에게 '최대한 다양한 감각·운동 자극을 제공하는 것'입니다. 가장 쉽고 안전하게 자극을 제공하는 방법은 바로 부모와 아이 사이의 신체 접촉, '안아주기'입니다.

부모에게 안긴 아이는 부모를 만지고 숨소리도 듣습니다. 부모가 감각·운동 자극을 아이에게 준 것이죠. 따라서 부모가 영아기 아이를 자주 안아주기만 해도 아이의 인지발달이 촉진됩니다. 아이를 안아주면서 눈을 바라보며 이런저런 이야기를 들려주면 금상첨화지요.

감각운동기 이후 24개월부터 6~7세까지를 전조작기라고 합니다. 이 시기의 특징을 간단히 표현하면 '(어른이 보기에) 논리적이지 않다'입니다. 전조작기에서 '조작'이란 말을 '논리성'이라고 해석해도 크게 무리는 없습니다. 여기서 '전'은 앞선, 이전pre, 前이라는 뜻으로 전조작기란 아이가 논리성을 획득하기 전이라는 의미입니다.

전조작기에는 '생각과 상상'이 인지발달을 이끕니다. 다만 아이의 생각에 논리성이 부족할 뿐이죠. 이 세상은 실제 모습이 아닌 아이의 상상으로 존재합니다. 별이 날 위해 뜨고, 나에게 말을 걸고, 해가 나를 보고 웃기도 울기도 합니다. 또 세상에 알 수 없는 무서운 존재도 많습니다. 귀신과 도깨비가 실제로 존재하는 세상이지요. 아무리 귀신이나 도깨비 같은 건 없다고 말해도 아이는 여전히 무섭다며 부모에게 안깁니다.

전조작기 아이는 세상의 중심이 자신이라고 생각합니다. 이 세상과 다른 사람은 아이 자신을 위해 존재하는 것이죠. 사실과 논리성, 실제 존재 여부는 중요하지 않습니다. 아이에게는 사기 생각과 상상이 진실입니다. 걸음마기 시기의 발달 과제는 자율, 의지라고 했었죠? 어떤 면에서 전조작기의 특성과 비슷합니다. '내가 알아서 할 거야(자율, 의지)'가 '내 마음대로 생각할 거야(논리적이지 않은 자기중심성egocentrism)'로 옮겨간 것이지요. 전조작기의 아이는 자기 스스로 하고 싶어 하고 자기 마음대로 생각합니다.

그럼 전조작기 아이를 키우는 부모는 어떻게 행동해야 할까요? 핵심은 아이의 상상에 함께 빠지는 것입니다. 이 시기 아이는 역할 놀이, 가상 놀이를 시작합니다. 부모가 너무 논리적으로 놀이에 개입하면 어떻게 될까요? "아니야, 그렇게 하는 거 아니잖아", "에이, 말이 안 된다", "어떻게 사람이 날아다녀?" 같은 말을 부모가 계속하면 아이는 놀이에 흥미를 잃습니다. 또 아이는 아직 논리적으로 생각하지 못하기 때문에 부모가 아무리 설명해도 알아듣지 못해 서로 괜히 마음만 상합니다.

물론 "별은 널 위해 뜬다는 말은 사실이 아니야. 그건 지구가 돌기 때문이야"라고 말하는 부모는 거의 없습니다. 그러나 "이건 그렇게 하는 게 아니야", "이건 말이 안 된다"라고 말하는 부모는 많습니다. 이 시기 아이를 둔 부모는 아이의 상상력에 조

금 더 빠져들어 보세요. 놀이의 주도권을 아이에게 주세요. 그리고 '내 생각'이 아닌 '아이의 상상'에 풍덩 빠지세요.

이것만은 꼭 기억하세요

❶ 감각운동기

- 아이는 세상을 익히기 위해 대상을 만지고 움직이고 보고 듣는다.
- 부모의 할 일: 자주 안아주기

❷ 전조작기

- 아이는 비논리적이다. '내 마음대로 생각할 거야.'
- 부모의 할 일: 아이만의 상상력에 같이 빠져들기

아이는 어떻게 부모에게서 멀어지나요?

'아이는 어떻게 부모에게서 멀어지나요?'라는 표현을 서글프게 느끼는 분도 있을 겁니다. 여기서 '멀어진다'의 의미는 아이와 부모의 '마음이 멀어지는 것'이 아닙니다. 그렇다고 단순히 '물리적 거리'만을 말하는 것도 아닙니다. '멀어진다'는 말에는 아이와 주 양육자 primary caregiver 간의 '심리적 분리', 즉 아이의 독립이 어떻게 진행되는지가 포함됩니다.

주 양육자란 아이를 주로 돌보는, 아이에게 특별한 한 사람을 말합니다. 우리나라에서는 대개 부모 중 엄마가 아이를 주로 돌보기에 '주 양육자는 엄마'라고 흔히 생각합니다. 하지만 아빠,

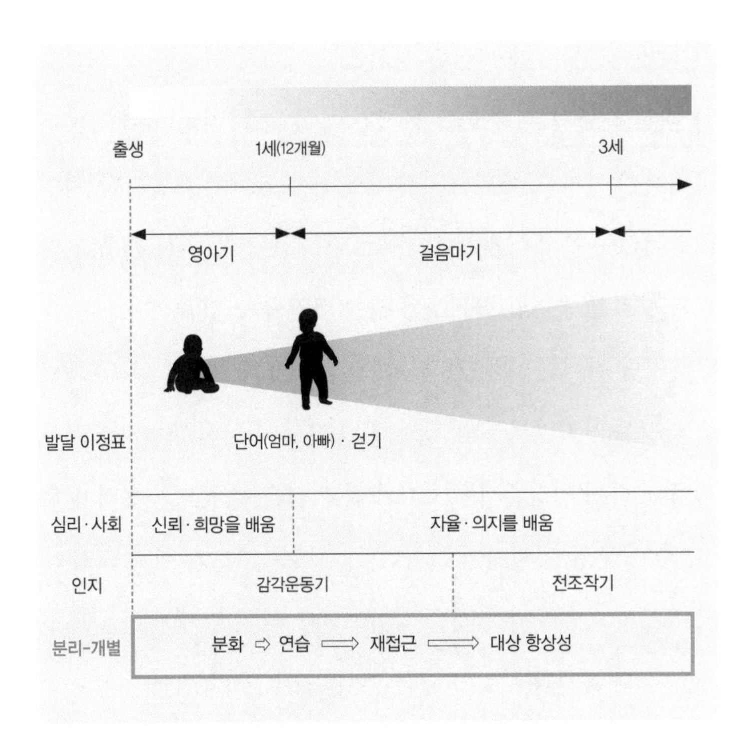

조부모, 육아도우미 등 아이의 양육을 주로 맡는 그 누구나 주 양육자가 될 수 있습니다(좀 더 자세한 내용은 〈3장. 존재만으로도 소중한 부모〉(99쪽)를 참고하세요).

말러의 분리-개별화 이론에 따르면 신생아는 내부 세상과 외부 세상, 자신과 주 양육자를 구별하지 못한다고 합니다. 주 양육자가 웃으면 내가 웃는 것이고 주 양육자가 화가 나면 내가 화난 것이죠. 아주 어린 시기에는 아이가 원하는 것을 부모가 대신 해줍니다. 부모는 24시간 아이 곁을 지키며 아이가 배고파하면 먹이고, 울면 달래며 불편한 것을 해결해줍니다. 아이 입장에서는 부모가 자신에게 필요한 모든 것을 대신 해주니, 자신과 부모를 구별할 필요조차 없는 것일 수도 있습니다.

하지만 아이는 대략 생후 6개월부터 36개월까지 분리-개별화 과정을 거치면서 '나와 내가 아닌 것'을 서서히 구별하기 시작합니다. 아이 입장에서는 자기가 하고 싶은 걸 부모가 못하게 하고, 갖고 싶은 걸 빼앗기도 합니다. 아이는 부모가 항상 내 뜻대로 행동하지 않는다는 것을 경험하면서, 다시 말해 불만족한 경험을 통해 자신과 부모가 다른 존재임을 서서히 깨닫습니다. 결국 아이는 부모가 아닌 '자신'으로 분리, 개별됩니다.

분리-개별화 과정은 크게 4단계로 나뉩니다. 아이는 분화기 differentiation(6~9개월), 연습기 practicing(9~15개월), 재접근기 rapprochement(15~24개월)를 거쳐 대상 항상성 object constancy(24~36개월)이라는 능력을 획득합니다. 그럼 이제 본격적으로 분리-개별화 과정을 들여다볼까요?

6개월이 된 아이는 팔을 뻗고 소리를 지르면서 세상의 수많은 물체와 사람에게 관심을 보입니다. 그러다 9~10개월에는 기고, 12개월 즈음 걷기 시작하면서 점점 더 넓은 세상을 탐색합니다. 아이는 걷고 뛰면서 부모 곁을 떠나 조금씩 활동 범위를 확장해 나갑니다. 그런데 아이가 조금 멀리 갔다 싶으면 어떻게 하나요? 부모와 같이 있었던 자리를 돌아봅니다. 아이는 부모가 사라지지 않았는지, 여전히 주변에 있는지를 뒤돌아보면서 재차 확인합니다. 또한 낯선 사람이나 낯선 환경으로 불안을 느낄 때, 부모에게 다가와 안깁니다. 세상을 향한 호기심과 궁금증으로 부모에게서 멀리 떨어졌다가 다시 돌아와 안심을 구하는 거지요. 그리고 그 과정을 반복하다 보면 어느 순간 아이는 부모의 존재를 더는 확인하지 않고도 세상을 홀로 탐색하게 됩니다. 부모가 근처에 없어도 불안해하지 않는 것이죠.

아이가 팔을 뻗고, 기고, 걸어 다니면서 탐색을 늘리는 시기를 분화기, 연습기라 합니다. 그 과정에서 부모와 물리적 거리가 생기고 아이가 불안을 느끼지 않을 적절한 거리 안에서 탐색을 계속 할 때, 부모-아이의 심리적 분리도 시작됩니다. 다시 말해, 신체적 거리감을 통해 아이의 심리적 분리('분화')가 시작되고, 그것을 아이가 계속 '연습'합니다.

아이의 관심이 외부 세상을 향하더라도, 아이는 종종 뒤돌아 보며 부모가 있는지 확인합니다. 이 모습을 두고 발달학자들은 아이에게 '혼자 멀리 나아가고 싶은 욕구'와 '부모를 확인하고 부모에게 의존하고 싶은 욕구'가 동시에 있다고 해석합니다. 에릭슨이 주장한 걸음마기의 '자율성'과 영아기의 '신뢰'가 뒤섞여 있다고 할 수 있습니다. 부모에게서 멀어졌다가도 다시 안심을 느끼려고 돌아오는 이 시기를 재접근기라 합니다. 그래서 이 시기의 아이는 주 양육자가 없으면 불안해하는 '엄마 껌딱지'가 되기도 합니다. 이 모습을 전문 용어로 '분리 불안separation anxiety'이라고 부릅니다.

재접근기에 있는 아이가 심한 변덕을 부리는 것도 같은 이유로 설명됩니다. '내 마음대로 할 거야' 하다가도 '엄마가 다 해줘'라고 하고, 혼자 하겠다며 부모의 손길을 거부했다가도 막상 부모가 없으면 놀라서 울음을 터뜨리는 거죠. 이때를 '미운 세 살'이라고 부르는 이유가 바로 여기에 있습니다.

아이는 분화기, 연습기, 재접근기를 거치면서 대상 항상성이라는 능력을 갖추게 됩니다. 재접근기 아이는 부모가 주변에 있는지 확인하고 위안을 얻으려고 부모에게 되돌아오는데 이 과정을 수없이 반복하고 그때마다 잘 안심시키면, 아이는 부모가 눈앞에 없어도 부모를 덜 찾습니다. 부모가 세상 어디엔가 존재할 거라는 믿음이 생겼기 때문입니다. 이제 아이는 부모가 눈에 보이지 않아도, 필요할 때는 언제라도 돌아와 자기를 돌봐줄 거라고 믿습니다. 이 믿음을 '대상 항상성'이라고 부릅니다.

필요할 때는 언제든 돌아와 자신을 돌봐줄 존재가 있다는 확고한 믿음이 있으면 얼마나 든든할까요? 이 든든함을 바탕으로 아이는 혼자서도 세상을 경험하고 받아들일 수 있습니다.

아이는 부모에게서 멀어지는 연습과 부모에게 위로받는 경험을 반복하며 홀로 설 준비를 합니다. 그러니 아이에게 충분히 탐색할 기회를 주세요. 아이가 조금은 곁에서 멀어져도 괜찮습니다. 다만 아이가 부모를 찾는다면 충분히 안심시켜주세요. 혼자 떨어뜨려 놓는다고 해서 아이에게 독립심이 생기는 것은 아닙니다. 오히려 아이에게 충분한 안정감과 위안을 줄 때 아이는 혼자 있을 수 있습니다.

이것만은 꼭 기억하세요

분리-개별화 과정

❶ 분화기, 연습기: 부모와 멀어지는 과정

❷ 재접근기: 부모에게 다시 돌아오는 과정. 이 시기의 아이가 변덕이 심하고 분리 불안을 보이는 것은 정상 발달 과정이다.

❸ 대상 항상성: (나와 떨어져 있어도) 필요할 때는 언제든 돌아와 나를 돌봐줄 존재가 있다는 믿음. 아이는 부모에게서 멀어졌다 돌아오는 과정을 반복연습하며 대상 항상성을 얻는다.

모든 아이에게 발달 이론이 중요한 이유

아이가 세 살이 넘었다면 '만 3세까지의 발달 이론이 중요하다고 하니 우리 아이에게는 도움이 되지 않겠네?'라고 생각할지도 모릅니다. 혹은 '3세 이후 발달은 중요하지 않다는 건가?'라고 의아해할 수도 있습니다. 그러나 발달 이론은 아이를 기르는 모든 부모에게 도움이 됩니다. 실제로 저는 진료실에서 다양한 연령대의 자녀를 둔 부모를 만나곤 하는데, 모두 발달 이론에 기초해 상담합니다. 청소년은 청소년에게 맞는 내용을, 성인은 성인에게 맞는 내용을 더할 뿐이죠. 그렇다면 3세까지의 발달 과정을 아는 것이 모든 부모에게 도움이 되는 이유는 무엇일까요?

앞서 이야기한 신뢰, 자율성, 대상 항상성을 예로 생각해봅시다. 3세 이전 아이는 주 양육자를 향한 '신뢰'를, 더 넓게는 이 세상이 안전한 곳이라는 '믿음'을 배워야 합니다. 이 신뢰와 믿음은 초기 3년에만 영향을 미치는 것이 아닙니다. 아이는 신뢰와 믿음을 배우며 사람 곁에서, 세상 속에서 편안함을 느끼는 성인으로 자랍니다. 만약 주변 사람을 믿지 못한다면, 세상이 살 만한 곳이라고 느끼지 못한다면 항상 불안하고 초조하겠죠. 이는 정글 속 사자 무리와 섞여 지내는 것과 다름이 없습니다. 만약 사랑하는 가족과 연인이, 아끼는 사람이 언제라도 자신을 떠나거나 배신할 수 있다고 느낀다면 과연 편안하게 지낼 수 있을까요? 상대방의 마음을 계속 확인하려 하거나 다른 사람과 의미 있는 관계 자체를 맺지 않으려 할 수도 있습니다.

걸음마기에서 중요한 '자율성'도 3세까지의 아이에게만 해당하는 내용이 아닙니다. 자율성을 존중받고 충분히 탐색한 아이는 자라서도 자신이 원하는 것을 스스로 찾을 수 있습니다. 다른 사람이 시키는 것만 하는 수동적인 삶이 아니라 자신이 원하는 것이 무엇인지 생각하고 찾아가는 능동적인 삶을 추구할 수 있습니다.

'대상 항상성'은 어떨까요? 살다 보면 누구나 혼자일 때가 있습니다. 여기서 '혼자'의 의미는 물리적 환경뿐만 아니라 심리적 상태를 말합니다. 아무도 날 이해하지 못하는 것 같고 도와주지 않는 것처럼 느껴지는 시기가 있습니다. 누구나 겪는 이 시기를 잘 이겨내는 힘은 어린 시절에 획득한 대상 항상성에서 나옵니다.

혼자 되는 연습이 잘 이루어지지 않은 아이는 어른이 되어 타인에게 지나치게 의지하고 집착할 가능성이 높습니다. 자신이 원할 때 상대방을 만날 수 없거나 잠시라도 전화 통화가 되지 않으면 불안과 걱정, 외로움에 휩싸이기 때문이지요. 혼자라고 느끼는 순간을 견딜 수 없어 상대에게 무리한 요구를 하기도 합니다. 이런 모습에 상대방은 지치고 결국 안정적인 관계가 유지되지 못합니다. 다른 사람과 새로운 관계를 맺더라도 이러한 악순환은 반복됩니다. 대상 항상성이 삶 전체의 인간관계에 영향을 미치게 되는 것이죠.

아이는 한 단계의 발달 과제를 성공적으로 이루어야 다음 단계로 나아갈 수 있습니다. 걸을 수 있어야 뛸 수 있고 세발사진

거를 탈 수 있어야 두발자전거도 탈 수 있습니다. 0세부터 3세까지 경험과 발달 과제의 달성 여부는 그 이후의 과제 달성에 기초가 됩니다. 따라서 발달의 기초인 생애 초기 3년은 특히 중요합니다.

실제 인간의 두뇌 발달은 생애 초기 3년 이전에 대부분 이루어집니다. 따라서 이 시기의 아이가 무엇을 어떻게 배우는지, 부모가 아이에게 어떤 환경을 제공하는지는 뇌 발달에 큰 영향을 미칩니다.

세 살 아이에게 3년은 평생입니다. 열다섯 살 청소년에게 생의 초기 3년은 15년이라는 시간의 20퍼센트일 뿐이지만 초기 3년이 삶에 미친 영향력은 그보다 훨씬 큽니다. 이는 30세, 40세, 50세, 60세 성인의 인생에 비유해도 마찬가지입니다. 나이를 먹을수록 초기 3년이 인생에서 차지한 비율은 점차 낮아지지만 그 영향력은 시간이 흘러도 변함없이 강력합니다. 이것이 부모가 아이의 초기 3년의 중요성을 알아야 하는 이유입니다.

세 살이 넘은 아이를 둔 부모라면 초기 3년의 중요성을 듣고 좌절할 수도 있습니다. 지난 시간을 떠올리며 아이를 잘 보살피지 못했다고 자책할 수도 있지요. 괜찮습니다. 지금이라도 초기

3년의 발달 과제를 이해하고 아이가 미처 습득하지 못한 과제가 있다면 이를 익힐 수 있도록 도와주세요. 신뢰와 희망, 자율과 의지를 아이가 배우고 느낄 수 있게 해주세요. 아이 스스로 이 세상을 맘껏 경험하도록 기회를 주세요. 혹여나 아이가 불안해서 부모를 찾는다면 꼭 안아주면 됩니다.

지금, 이 순간보다 빠른 때는 없습니다. 이제라도 알았다면 실행하면 됩니다. 실수한 경험은 성공의 밑거름이 됩니다. 세 살이 넘은 아이를 둔 부모에게도 초기 3년의 발달 이론을 배우는 것은 여전히 중요합니다.

이론을 알면 보이는 실전 양육법

이론을 배웠으니 이제 실전에서 써먹어야 합니다. 어떻게 해야 아이와 부모가 모두 만족하는 양육 방법을 찾을 수 있을까요? 발달 이론을 기초로 부모는 아이에게 맞는 양육 태도를 다음처럼 생각해볼 수 있습니다.

❶ 발달 이론 이해하기

❷ 시기마다 아이가 익혀야 할 발달 과제 확인하기

❸ 어떻게 해야 아이가 발달 과제를 잘 수행할지 생각하기

❹ 정상 발달 과정에서 흔히 나타나는 모습 확인하기

❺ 예상하지 못한 아이의 행동에 당황하거나 오해하지 않기

그럼 지금까지 배운 내용으로 발달 이론에서 실제 양육 팁을 얻는 과정을 살펴보겠습니다.

우선 배운 내용을 이야기로 풀어 정리해봅시다. 물론 아래 내용이 아닌 각자의 방식으로 이야기를 만들면 더 좋습니다.

생후 0~12개월 시기는 '영아기'다. 이때 아이는 말하고 걷지 못한다. 따라서 아이에게 문제가 발생해도 아이는 부모에게 이를 알릴 수 없고 그 상황에서 빠져나올 수도 없다. 즉, 부모는 아이가 졸리거나 배고프거나 자세가 불편한 것을 알아차려서 문제를 해결해줘야 한다. 부모를 향한 '신뢰'가 이 시기의 중요한 발달 과제이며 아이는 오직 감각과 운동을 통해 세상을 배운다(인지적인 측면에서 0~24개월을 감각운동기라 함).

'걸음마기(12~36개월)'에 접어든 아이는 말하고 걷기 시작하

면서 언어 표현이 늘어나고 활동 범위가 넓어진다. 이때 아이는 호기심이 왕성하고 뭐든지 스스로 하려고 한다. 아이가 고집은 세고 부모 말은 듣지 않으니 '미운 세 살'이라고도 부른다. 다만 여전히 부모의 도움이 필요해서 불안할 때면 안아달라고 보챈다. 부모에게서 멀어지려 했다가 다시 돌아오는, 특히 아이가 변덕스러운 시기를 '재접근기(15~24개월)'라고 한다. 세상을 탐험하는 기회와 부모에게서 위안을 받는 경험이 반복되면 아이는 부모가 곁에 없어도 잘 지내게 된다. 세상 어딘가에는 부모가 존재한다는 믿음, 즉 '대상 항상성'이 아이에게 있기 때문이다. 이 시기 아이는 아직 논리적이지는 않지만 풍부한 상상력으로 세상을 배워 나간다(인지적인 측면에서 24개월~6·7세를 전조작기라 함).

어때요, 정리가 되셨나요? 이제 '각 시기에 아이가 배워야 할 것'과 '정상 발달 과정에서 흔히 나타나는 모습'을 간단히 적어봅시다. 다음은 제가 정리한 예시입니다. 각 단계를 무조건 외우기보다는 아이의 마음 상태를 상상하며 괄호 안의 표현들을 떠올려보세요. 아이가 성장하는 과정을 그리면서 그 단계의 특징을 이해하는 것이 중요합니다.

❶ 영아기의 부모를 향한 신뢰("난 엄마, 아빠를 믿어요!"): 전적으로 부모에게 의존함.
❷ 걸음마기의 자율성("나도 걷고 말할 수 있어요!"): "나 혼자 할 거야"라고 말하며 고집스러운 모습을 보임.
❸ 감각운동기("세상이 너무 궁금해요."): 감각과 운동으로 세상을 배워가는 시기로 무엇이든 만지고 움직여 보려고 함.
❹ 재접근기("나도 혼자 할 수 있어요. 하지만 무서울 때도 있어요."): 부모에게 멀어졌다 다가오기를 반복하는 변덕스러운 모습을 보임.
❺ 전조작기("상상은 즐거워!"): 비논리적이지만 풍부한 상상력을 발휘함.

이제 핵심으로 넘어가겠습니다. 다음 표에 정리한 핵심 질문과 답은 각 시기 아이에게 가장 적절한 양육 태도가 무엇인지 정리한 것입니다.

	부모는 아이를 위해 무엇을 해야 할까요?	부모는 어떻게 아이를 응원해야 할까요?
1. 영아기의 부모를 향한 신뢰 "난 엄마, 아빠를 믿어요!"	믿을 수 있는 부모, 예측 가능한 부모 되기	아이가 부모를 부를 때 곁에 있고, 아이에게 필요한 것을 주며, 일관된 태도로 보살피기
2. 걸음마기의 자율성 "나도 걷고 말할 수 있어요!"	아이가 스스로 탐색할 수 있도록 안정된 환경 제공하기	아이의 자율성을 해치지 않도록 지나치게 간섭하지 않기
3. 감각운동기 "세상이 너무 궁금해요."	아이에게 다양한 감각·운동 자극 제공하기	많이 안아주기
4. 재접근기 "나도 혼자 할 수 있어요. 하지만 무서울 때도 있어요."	부모에게 돌아와서 위안을 구할 때 충분히 안심시키기	아이의 변덕스러운 모습은 정상 발달 과정이므로 버릇이 없거나 나쁜 아이라고 오해하지 않기
5. 전조작기 "상상은 즐거워!"	놀이에서 아이에게 주도권 주기	놀이에서 아이의 상상력에 빠져들기

표에 제시한 내용 외에 무엇을 더 고려할 수 있을까요? 그리고 어떤 양육 태도를 추가로 생각해볼 수 있을까요? 답은 여러분에게 있습니다.

이처럼 발달 이론은 양육 원칙을 세우는 가장 튼튼한 기초입니다. 기초를 잘 세우면 외부의 자극이나 변화에 쉽게 흔들리지 않고 아이의 변화에 좀 더 섬세하게 반응할 수 있습니다. 아이를 세심하게 관찰하지 않고 눈앞의 문제만을 해결하기 위해 동원하는 방법은 그리 효과적이지 않습니다. 양육자는 무엇보다 '지금 아이에게 필요한 것은 무엇일까?', '아이가 더 잘 배울 수 있도록 어떻게 도와줄 수 있을까?', '어떤 방법이 나와 내 아이에게 가장 잘 맞을까?'를 고민해야 합니다.

3장

양육의 핵심 1
주기

건강한 양육의 첫 단계는 '주기'입니다. 식물에 흙, 물, 공기, 햇빛이 필요하듯 부모는 아이가 잘 자라도록 아이에게 필요한 것을 충분히 주어야 합니다.

그럼 '아이에게 필요한 것'은 구체적으로 무엇일까요? 우선 부모는 아이에게 철마다 필요한 옷을 입히고 건강한 음식을 먹이며 안전한 곳에서 아이를 보살펴야 합니다. 이 모든 행위는 아이가 생존하는 데 필수입니다.

그럼 부모는 아이가 생존하도록 돕기만 하면 될까요? 눈에 보이는 옷, 음식, 잠자리 외에 또 무엇이 아이에게 필요할까요? 식물과 다르게 인간에게는 신체 발달을 위한 영양분뿐만 아니라 마음의 발달을 위한 영양분도 필요합니다. '주기'에서는 아이의 '마음 발달'을 촉진하는 영양분에 대해 이야기해보겠습니다.

존재만으로도 소중한 부모

엄마 오리 뒤를 아기 오리들이 줄지어 따라가는 모습을 본 적이 있나요? 종종종 걷는 모습이 참 사랑스럽지요. 그런데 아기 오리들은 어떻게 엄마 오리를 '엄마'라고 여기는 걸까요? 조류는 생후 몇 시간 내에 자신을 돌본 대상을 부모로 생각한다고 합니다. 그래서 그 이후에도 그 대상을 졸졸 따라다닙니다. 이를 각인imprinting 효과라고 하지요.

만약 아기 오리가 갓 태어났을 때, 엄마 오리가 주변에 없다면 어떻게 될까요? 아기 오리는 엄마 오리 대신 자신을 돌본 대상을 부모로 여기게 됩니다. 〈세상에 이런 일이〉 같은 텔레비전 프로그램에서 사람을 부모처럼 따르는 동물들에게는 이런 배경이 있습니다. 생후 몇 시간 내에 마주친 대상이 평생에 걸쳐 큰 영향을 미치는 것이죠. 즉, 어린 새에게는 '특정 시기'에 만난 '특정 대상'이 중요합니다.

조류와 마찬가지로 인간에게도 '특정 시기'가 있습니다. 조류는 생후 수 시간이 결정적 시기이지만 사람은 그 시기가 생후 1년 이내입니다. 갓난아이에게도 '특정 대상'이 존재합니다. 그리고 그 대상은 아이에게 특별한 단 한 사람입니다.

생애 초기 인간에게 중요한 특정 대상, 특별한 단 한 사람을 주 양육자라고 합니다. 대개는 부모 중에 한 사람으로 우리나라에서는 엄마가 주 양육자가 되는 경우가 많지요. 문화, 역사, 환경에 따라 주 양육자는 아빠가 될 수도 있고 할머니나 할아버지, 양육 도우미가 될 수도 있습니다. 변함없는 사실은 특별한 한 사람이 아이에게 꼭 필요하다는 점입니다.

그럼 아이는 특정 대상을 언제부터 인식할까요? 생후 2~3개월이 되면 아이는 사람을 향해 긍정적인 반응을 보입니다. 그 반응이란 아이가 엄마(혹은 아빠)를 보고 웃는 것이지요. 이를 사회적 미소social smile라고 합니다. 다만 이때 아이는 특정 대상

뿐만 아니라 아이의 시야에 들어와 자극을 주는 모든 대상에게 비슷한 반응을 보입니다. 그러다 5~6개월부터는 특정 대상, 즉 주 양육자에게만 선택적으로 반응합니다. 아이가 한 대상을 특별하게 인식한다는 뜻이기도 하지요. 한 대상을 특별하게 인식한다는 것은 주 양육자가 아닌 사람과 주 양육자를 구별할 수 있다는 의미입니다.

주 양육자와 그렇지 않은 사람을 구별하는 아이는 주 양육자를 선택적으로 찾습니다. 또한 주 양육자와 떨어지지 않으려하고 주 양육자가 눈앞에 없으면 불안해서 울기도 합니다. 불특정 다수를 무서워하고(낯가림stranger anxiety), 주 양육자와 떨어지지 않으려고 하는 모습(분리 불안)이 6~8개월 무렵에 처음 나타나는 이유도 이와 맥락을 같이 합니다. 주 양육자를 찾는 모습을 보인다는 것은 아이가 주 양육자와 강한 정서적 유대감(애착attachment)을 형성했음을 의미합니다.

아이가 애착을 형성하려면 특정 시기에 특정 대상이 곁에 있어야 합니다. 즉, 생후 6~8개월 이전, 넓게는 영아기라는 '특정 시기'에 아이와 지속해서 관계를 맺는 '특정 대상'이 필요합니다. 이 시기의 아이는 특정 대상을 인식하고 그 사람과 정서적 유대감을 쌓습니다. 따라서 영아기에는 한 명의 주 양육자가 아이를 돌보는 것이 좋습니다. **'변하지 않는 주 양육자의 존재', 이것이 '주기'의 첫 번째 요소입니다.**

이것만은 꼭 기억하세요

대략 6개월부터 시작되는 분리-개별화 과정 이전의 아이는 자기 자신과 남을 구별하지 못한다는 점을 기억하시나요? 6개월에 분리-개별화(나와 남을 구별)가 시작된다는 점, 6~8개월 무렵부터 분리 불안(특정 대상을 인식)과 낯가림(특정 대상과 그 외 대상을 구별)이 나타난다는 점, 이 두 가지도 같은 맥락에서 이해할 수 있습니다.

엄마와 떨어지지 않으려고 해요, 정상인가요?

"정상인가요?"

좀처럼 부모와 떨어지지 않으려는 24~36개월 미만의 아이를 둔 부모들이 진료실에 찾아와 걱정스럽게 묻습니다. 저에게는 가장 어렵고 부담되는 질문입니다. 제 말 한마디에 정상과 비정상이 정해진다고 생각하니, 어깨가 무겁습니다.

아이의 상태를 놓고 '정상'과 '비정상'을 구분하는 것은 매우 어렵습니다. 사실 정상과 비정상을 구분할 수 있는지조차 의문이 듭니다. 예를 들어 '성격이 외향적이다, 내향적이다'를 구분할 때 어느 정도면 외향적이고 어느 정도면 내향적인 걸까요?

또 '산만하다', '차분하다'를 구분하는 명확한 기준이 있기는 한 걸까요? 그래서 질문을 조금 바꿔봅니다. "정상인가요?"가 아닌, "정상 발달 과정 중에 있다고 볼 수 있을까요?"로요. 이때도 역시 발달 과정을 이해해야 질문의 답을 얻을 수 있습니다.

앞서 아이는 자라면서 자신을 돌봐주는 특정 대상을 인식한다고 했죠? 특정 대상을 명확하게 인식할수록 아이는 주 양육자만을 더 찾고 주 양육자와 떨어지지 않으려 합니다. 또한 낯선 사람을 보면 고개를 돌리거나 울음을 터뜨리는 모습을 보입니다. 이는 아이가 불안을 표현하는 모습입니다. 갓 태어났을 때는 몰랐지만, 아이에게는 이제 특별한 사람이 생겼습니다. 그 사실을 아이가 알기에 그 대상이 없으면 불안한 것이죠. 이러한 분리 불안은 대개 생후 6~8개월 무렵에 나타나서 14~18개월에 가장 심하다가 점차 줄어듭니다. 비슷하게 낯가림은 8개월 무렵에 나타나서 24개월에 정점을 찍은 후 점차 줄어듭니다.

따라서 24~36개월 미만의 아이가 부모와 떨어졌을 때 불안해하는 것은 '정상 발달 과정'에 속합니다. 이때 부모가 당황하지 않고 계속해서 아이를 안심시키면, 분리 불안과 낯가림은 차차 줄어듭니다. 그러니 아이가 커서도 불안해하면 어쩌지 하는 부담감은 떨쳐버리세요. 또한 아이 성향에 따라 불안해하는 정도가 다른 것일 뿐이니 다른 아이와 비교할 필요도 없습니다.

아이가 부모와 떨어지지 않으려는 모습이 정상적으로 자라는 과정임을 이해하면 부모는 걱정을 내려놓고 아이를 차분하게 지켜볼 수 있습니다. 아이가 낯선 사람을 보고 울기 시작했다면, '이제 우리 아이가 다른 사람과 부모를 구별하기 시작했구나'라고 생각해주세요. 그리고 아이를 포근히 안아주고 낯가림과 분리 불안의 과정을 잘 지날 수 있도록 느긋이 기다려주세요.

이것만은 꼭 기억하세요

걸음마기의 분리 불안, 낯가림은 대개 지켜봐도 됩니다. 하지만 초등학생이 심하게 부모와 떨어지지 못하거나 낯선 사람을 과도하게 피한다면 전문가와 상담이 필요합니다.

엄마와 떨어지지 않으려고 해요, 어떻게 해야 하나요?

"어떻게 해야 하나요?"가 드디어 나왔습니다. 여기서는 걸음마기에 나타나는 분리 불안에 관해서 이야기하겠습니다.

걷기 시작한 아이는 세상에 대한 호기심으로 가득 차 있습니다. 부모 곁을 벗어나 세상을 경험하고 싶어하지요. 하지만 아이에게 이 세상은 두려운 곳이기도 합니다. 그래서 부모가 곁에 없으면 덜컥 겁이 납니다. 아이가 부모와 떨어지는 것을 무서워할 때, 부모는 어떻게 해야 할까요? 이 질문의 답을 구하려면 먼저 다음 질문을 던져야 합니다.

"아이와 부모의 성향은 어떤가요?"

우선 아이의 타고난 성향을 살펴봅니다. 어떤 아이는 쉽게 두려움을 이겨내고 세상을 탐험합니다. 호기심이 넘쳐서 뒤돌아보지 않고 달려 나가지요. 반면 어떤 아이는 겁을 내며 부모와 떨어지기 어려워합니다. 기질적으로 불안도가 높은 아이는 부모 곁을 떠나지 못하고 주변 눈치만 살피지요.

부모 성향도 이와 비슷합니다. 어떤 부모는 아이를 편히 지켜봅니다. '아이가 궁금한 게 많아서 그렇구나', '아이는 넘어지면서 크는 거야'라며 느긋합니다. 반면 어떤 부모는 아이에게서 눈을 떼지 못합니다. 혹시라도 넘어지지 않을지, 그래서 크게 다치지 않을지 걱정하면서 아이의 행동 하나하나에 온 신경을 쏟습니다.

아이와 부모의 성향을 알았다면 이제 다음 질문으로 넘어갑니다.

"부모는 아이에게 어떤 반응을 보이나요?"

어떤 부모는 부모에게서 떨어지지 못하는 아이가 너무 답답합니다. 특히 독립심을 강조하는 부모는 아이가 분리 불안을 보일 때, 엄격한 태도를 보이기도 합니다. 간혹 자신도 모르게 아이에게 화를 내기도 하지요. 만약 부모가 아이에게 부정적인 반응을 보이거나 화를 낸다면, 불안한 아이는 더 불안해집니다.

부모도 아이처럼 쉽게 불안을 느낀다면 어떨까요? 혹시라도 아이에게 무슨 일이 일어나지 않을지 항상 걱정하는 부모는 아이와 떨어지지 못합니다. 아이를 더 보호해야 한다는 생각에 아이를 놓지 못하지요. 이런 경우 아이는 스스로 세상을 탐색할 기회를 잃고 분리 불안이 심해지는 악순환에 빠질 수 있습니다.

이처럼 부모 성향에 따라 아이에게 보이는 반응이 다를 수 있습니다. 부모와 아이의 성향이 너무 다르다면, 아무리 부모여도 아이를 이해하기 어렵습니다. 그래서 답답함을 느끼기거나 버럭 화를 내기 쉽습니다. 반면 부모가 아이와 비슷한 성향이라면, 아이를 이해하기가 쉬울지는 몰라도 아이에게 새롭게 도전할 기회를 덜 줄 수도 있습니다.

현실에서 부모의 반응은 이보다 훨씬 다양하고 복잡합니다. 아이와 부모의 성향이 단순히 불안도가 높거나 그렇지 않은 두 가지만 있는 것이 아니니까요. 더구나 부모의 반응뿐만 아니라 아이의 반응도 천차만별입니다.

이처럼 부모와 떨어지지 않으려고 하는 아이의 모습 이면에는 얽히고설킨 부모와 아이의 관계가 있습니다. 복잡하게 형성된 부모-아이 관계라는 거대한 빙산의 일각만이 수면 위에 드러난 것이죠. 따라서 '어떻게 해야 하나요?'에 대한 답을 찾으려면 부모와 아이의 타고난 성향과 부모-아이 관계를 먼저 파악해야 합니다.

여기서 중요한 부분은 아이의 타고난 성향을 바꿀 수 없다는 사실입니다. 부모의 성향도 크게 바뀌지 않습니다. 아이와 부모의 타고난 성향을 바꾸려 하면 실망감만 커집니다. 이러한 면을 고려해 아이를 대하는 태도와 방식을 좀 더 유연하게 바꿔야 합니다. 부모가 아이에게 이전과 다른 반응을 보이면 부모-아이 관계는 분명 변할 수 있습니다. 아이의 행동이 아닌 부모의 양육 태도에 초점을 맞춰야 합니다.

그럼, 다시 처음으로 돌아가겠습니다. "아이가 엄마와 떨어지지 않으려고 해요, 어떻게 해야 하나요?" 모두에게 적용되는 답이 있으면 좋으련만, 안타깝게도 그런 마법 같은 해법은 없습니니다. 어떤 아이인지, 어떤 부모인지, 그리고 부모와 아이가 서로에게 어떻게 영향을 미치는지를 알기 전까지는 명쾌한 답을 내놓을 수 없습니다.

다만 이건 꼭 기억하세요. 부모가 아이에게 악영향을 끼치는 태도만 지속적으로 취하지 않는다면 아이는 잘 큽니다!

부모와 떨어지는 것을 불안해하는 아이를 혼내는 일은 아이에게 전혀 도움이 되지 않습니다. 오히려 아이를 더 불안하게 만들죠. 불안한 마음에 아이에게 탐색할 기회를 주지 않으면 아이는 더욱 불안에서 벗어나지 못합니다. 이 극단적인 두 가지 태도만 피한다면 아이는 서서히 용기를 낼 것입니다.

그럼 다시 한 번 물어보겠습니다.

❶ 아이의 성향은 어떤가요?

❷ 부모의 성향은 어떤가요?

❸ 부모는 아이에게 어떤 반응을 보이나요?

❹ 아이는 부모의 반응을 어떻게 받아들이고 있나요?

충분히 안심시키고 격려해주세요

걸음마기 아이에게 나타나는 분리 불안은 정상적인 발달 과정입니다. 이때 부모는 아이가 성장하고 있음을 이해하고, 불안을 느끼는 아이를 충분히 안심시키고 격려하면 됩니다. 아이 성향에 따라 좀 더 빠르게 안정되기도 하고 그렇지 않기도 합니다. 아이가 어떤 성향이든 자신만의 속도로 성장하길 기다려주세요. 부모가 아이에게 충분한 안정감과 위안을 줄 때 독립심을 키울 수 있습니다. 그러니 부모에게서 떨어지지 못하는 아이를 너무 몰아붙이지 마세요.

동시에 부모는 아이에게 스스로 탐색할 기회도 줘야 합니다. 단, 순서는 꼭 지키세요. 충분히 아이를 안심시키고 격려하는 것이 먼저입니다. 그리고 천천히 탐색할 기회를 주면 아이는 조금씩 용기를 냅니다.

'좋은 양육'은 부모가 아이를 대하는 태도로 정해집니다. 아이의 고유한 특성을 고려하지 않는 일률적인 태도나, 한없이 부드럽거나 엄격하기만 한 극단적인 태도는 좋은 양육이 아닙니다. 아이와 부모의 특성을 고려해 상황에 맞는 균형점을 찾는 것이 중요합니다. 낯가림과 분리 불안을 겪는 아이에게 부모는

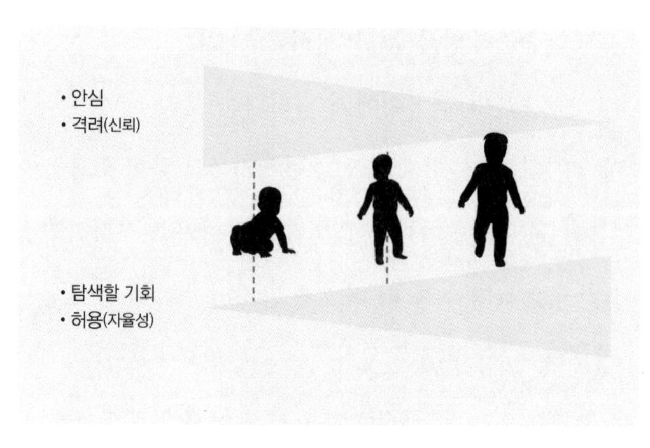

양육의 원칙: 균형점 찾기

'안심시키고 격려하기'와 '탐색할 기회 주기'의 균형점을 찾아야 합니다. 이는 '신뢰'와 '자율성', '돌아오기'와 '멀어지기'와도 맥락을 같이합니다. '나는 이렇게 아이를 키우고 싶어!'가 아닌 '우리 아이는 이런 성향의 아이니까 이렇게 키워야겠다'로 생각의 방향을 바꿔보세요. 그래야 아이도, 부모도 건강하게 성장합니다.

아이에게는
왜
애착이 필요할까?

부모는 아이에게 세상 무엇보다 소중한 존재입니다. '부모가 존재한다는 것'은 부모가 곁에 있다는 사실만을 말하는 것은 아닙니다. 부모와 아이 사이에는 보이지 않는 무언가, 어떤 특별한 느낌, 정서적 유대감과 상호작용이 존재합니다. 우리는 이것을 '애착'이라고 부릅니다.

김춘수 시인의 〈꽃〉에는 다음과 같은 아름다운 표현이 나옵니다.

내가 그의 이름을 불러주기 전에는

그는 다만

하나의 몸짓에 지나지 않았다.

내가 그의 이름을 불러주었을 때

그는 나에게로 와서

꽃이 되었다.

단순히 아이 옆에 주 양육자가 '있다'고 해서 아이와 관계를 맺는 것은 아닙니다. 아이가 웃으면 부모도 웃습니다. 아이가 울면 부모는 아이의 불편함을 읽어주고 달랩니다. 아이가 배고프면 먹을 것을 주고, 졸리면 안락한 잠자리를 마련해줍니다. 이처럼 부모와 아이의 상호작용, 부모의 정성어린 보살핌을 바탕으로 둘은 매우 특별한 관계가 됩니다. '이름을 불러 주는' 것처럼 적극적으로 '교감'하고 '소통'해야 비로소 서로가 서로에게 '꽃'이 될 수 있습니다.

그럼 이 특별한 관계는 아이에게 어떤 의미일까요? 아이에게 왜 애착이 필요할까요? 생애 초기 아이는 부모에게 완전히 의존할 수밖에 없습니다. 부모는 이런 아이를 책임 있게 돌보며 특별한 교감을 하고 유대감을 느낍니다. 아이가 부모와 눈을 맞추고 미소 짓고 옹알이를 하는 모든 순간, 부모는 행복을 느끼고 아이를 사랑하는 마음은 더욱 커집니다. 아이를 향한 특별한 감정은 이러한 과정을 통해 계속 쌓입니다. 부모는 이 감정을 에너지 삼아 아이를 잘 돌보는 데 필요한 힘을 얻고 아이를 특별하게 느끼며 더 잘 보살핍니다. 결국 특별한 관계(애착) 속에서 아이의 생존 확률은 높아집니다.

반면 아이와 부모 사이에 애착이 제대로 형성되지 않는다면 부모는 정서적, 신체적으로 쉽게 지칩니다. 지친 부모 밑에서 자란 아이는 충분한 보살핌을 받기 어렵습니다. 부모가 아이를 돌볼 충분한 시간적, 정신적 여유가 없거나 아이에게 무관심하거나 아이를 향한 애틋한 감정이 없다면 아이는 건강하게 자라기 어렵습니다. 아이의 생존을 위해서 아이와 주 양육자 사이의 특별한 정서적 유대감은 필수입니다.

아이에게 애착이 필요한 또 다른 이유는 아이가 다른 사람과 관계 맺는 능력, 그리고 세상을 바라보는 틀이 바로 애착 관계에서 형성되기 때문입니다.

주 양육자는 아이가 세상에 나와 처음으로 만나는 사람입니다. 아이에게 주 양육자와의 관계는 모든 대인 관계의 첫 단추입니다. 만약 아이가 주 양육자와 관계 맺기를 어려워한다면 다른 사람과의 관계에서도 어려움을 겪을 수 있습니다.

또한 주 양육자는 아이가 전적으로 의지하는 대상입니다. 그렇기에 아이는 부모를 믿으며 이 세상을 향한 희망을 품습니다. 아이는 주 양육자와의 관계, 즉 애착 관계에서 사람과 세상을 향한 신뢰와 희망을 배웁니다. 부모와의 관계에서 '이 사람은 믿을 만한 사람인가?', '이 세상은 살 만한 곳인가?'라는 질문에 대한 첫 대답을 얻는 셈이지요. 따라서 아이에게 주 양육자와의 관계는 타인과 세상을 바라보는 틀을 제공합니다.

마지막으로 아이에게 애착이 필요한 이유는 자신의 감정을 조절하는 방법을 배우기 때문입니다. 갓난아이는 스스로 감정을 조절할 수 없습니다. 영아기는 감정 조절을 '안'하는 것이 아니라 '못'하는 단계입니다. 이 시기에 아이가 울면 엄마나 아빠가 달래는 것이 당연합니다. 아이를 포근히 안아주고, 아이에게 괜찮다고 말해주기도 하며, 인형을 흔들며 주의를 분산시키기도 합니다. 그럼 아이는 서서히 울음을 그치며 안정을 찾지요. 이렇듯 아이는 부모의 도움을 받아 감정을 조절하는 법을 배워 나갑니다.

처음부터 아이를 강하게 키워야 한다는 미명 아래, 우는 아이를 내버려두지는 마세요. 또한 우는 것을 너무 받아주면 아이가 응석받이로 자랄 거라는 걱정은 내려놓으세요. 대신 부드러운 목소리를 들려주고 꼭 안아주세요. 아이는 부모의 따스한 음성과 포근한 포옹으로 이 세상이 안전하다고 느끼고 자신의 감정을 조절하는 법을 배웁니다. 이를 기초로 아이는 어른이 되어서도 일상에서 만나는 다양한 문제를 스스로 해결해 나갈 수 있습니다. 아이와 부모가 안정된 관계를 형성하는 일이 무엇보다도 중요한 이유가 바로 여기에 있습니다.

이것만은 꼭 기억하세요

아이에게 애착이 필요한 이유

❶ 생존을 위해

❷ 타인과 관계 맺는 능력과 세상을 바라보는 틀을 형성하기 위해

❸ 감정 조절을 배우기 위해

애착은 아이의 의존성을 키우지 않나요?

애착 유형은 양상에 따라 크게 안정형secure, 회피형avoidant, 저항형resistant, 혼란형disorganized으로 구분합니다. 이를 판단하는 기준은 아이가 부모와 잠시 떨어져 있다 다시 만났을 때 보이는 반응입니다.

어린아이를 혼자 두면 대부분 울며 부모를 찾습니다. 이런 아이의 행동을 '애착 행동'이라고 부릅니다. 이때 주 양육자가 돌아오면 아이는 어떤 모습을 보일까요?

부모가 돌아왔을 때 안정형 애착을 가진 아이는 곧 울음을 멈추고 안정을 찾습니다. 반면 회피형 애착을 형성한 아이는 부모에게 관심을 보이지 않거나 도움의 손짓을 보이지 않습니다. 저항형 아이는 부모를 다시 보더라도 쉽게 진정하지 못합니다. 극단적인 경우로 혼란형이 있는데, 부모를 다시 만난 이후에 일관적이지 않은 반응을 보입니다.

그럼 가장 이상적인 유형인 안정형 애착은 어느 정도로 나타날까요? 연구에 따라 다르지만, 대략 70퍼센트의 영유아는 안정형 애착을 형성한다고 합니다. 아주 극단적인 상황, 지속해서 아이에게 사랑을 주지 못하는 상황만 아니라면 아이는 안정형 애착을 형성할 확률이 높습니다.

물을 적당히 주며 볕이 잘 들고 바람이 통하는 곳에 화분을 놓아두면 식물이 잘 자라는 것처럼, 아이에게 너무 부족하지 않을 정도로 '주기(부모의 존재, 애착, 접촉)'만 해도 아이는 자연스럽게 안정적인 부모-아이 관계를 형성합니다.

많은 부모가 애착이 지나치면 아이가 부모에게 너무 의존하거나 버릇없이 자랄까 봐 걱정하기도 합니다. 여기서 '애착이 지나치다'는 말은 '부모가 아이를 과하게 보호하려고 한다'는 뜻으로 사용한 것 같습니다. 과잉보호는 안정적인 애착의 모습이 아닙니다. 부모가 불안해서 아이를 지나치게 통제하는 것은 아이에게 안정감을 주는 안정형 애착과는 다르지요.

안정적인 애착을 형성한 아이는 부모에게 의존하기보다 애착을 발판 삼아 적극적으로 탐색에 나섭니다. 이를 안전 기지 secure base 효과라고 부릅니다. 심리적으로 기댈 곳이 있어야 비로소 탐색을 할 수 있다는 뜻입니다. 부모가 아이에게 충분한 안정감을 줄 때 아이는 튼튼한 안전 기지를 믿고 부모에게서 독립할 수 있습니다. 부모가 충분히 사랑을 주어 형성된 안정된 애착 관계는 절대로 아이의 의존성을 높이거나 자율성에 방해가 되지 않습니다.

다만 아이가 스스로 탐색하려는 시기에도 부모가 모든 것을 대신해주거나 과도하게 통제하면 자율성을 기르는 데 어려움을 겪습니다. 부모는 아이에게 안정과 신뢰를 주는 동시에, 아이 스스로 경험할 기회도 충분히 줘야 합니다.

충분한 주기를 통해 아이가 부모와 안정된 애착을 형성하고 세상이 안전하다는 것을 느끼게 하는 일은 부모의 욕심, 불안 등으로 아이를 과보호하거나 통제하는 것과는 전혀 다릅니다. 그러니 걱정하지 말고 아이를 있는 힘껏 사랑해주세요. 다만 사랑과 애정, 욕심과 불안을 구별하세요.

접촉,
정서적 영양분

애착 관계를 형성하기 위해 부모는 무엇을 해야 할까요? 과거 연구자들은 음식을 주는 행위가 부모와 아이를 연결하는 데 영향을 미친다고 생각했습니다. 즉, 아이가 배고플 때 부모가 젖과 음식을 줌으로써 애착이 생긴다고 본 것입니다. 부모가 자신의 배고픔을 해소해주길 바라는 아이의 기대, 음식을 준비하는 부모의 애틋한 마음. 따뜻해 보이지만 어딘가 부족한 느낌이 듭니다. 정말로 아이에게 먹을 것만 잘 주면, 영양분만 잘 제공하면 애착이 형성될까요?

이 질문에 답을 찾고자 미국 심리학자 해리 할로Harry Harlow는 아기 원숭이를 대상으로 실험을 했습니다. 할로는 새끼 원숭이들을 태어난 지 일주일이 채 지나지 않은 시점에 어미와 분리시켰습니다. 그리고 원숭이들에게 철사로 만든 어미 모형과 천으로 만든 어미 모형 두 가지를 주었습니다. 대부분의 새끼 원숭이는 천으로 만든 어미 모형 곁에서 지냈습니다. 양쪽 어미 모형 모두에게서 똑같은 음식을 먹을 수 있었는데도 말이죠. 특히 새끼 원숭이가 놀라거나 무서움을 느낄 때 천으로 만든 어미 모형 곁에 더 머물렀다고 합니다. 아이가 불안할 때 울면서 부모를 찾는 것처럼, 새끼 원숭이도 천으로 만든 어미 모형 곁으로 간 것이죠.

이 실험은 배고픔을 해소하는 것만으로는 애착 형성이 충분히 되지 않는다는 점과 부드러운 접촉이 주는 심리적 안정이 애착 형성에 중요하다는 점을 보여줍니다. 할로는 부드러운 접촉이 주는 심리적 안정 효과를 '접촉 위안contact comfort'이라 이름 붙였습니다.

아이와 부모 사이의 정서적 유대감을 형성하는 데는 따뜻하고 부드러운 접촉이 필요합니다. 애착 형성을 위해 부모는 아이와 더 많이 접촉해야 하는 거죠. 사람의 체온이 36.5도이고 피부가 부드러운 이유가 여기에 있을지도 모르겠습니다. 앞에서 영아기의 아이는 운동과 감각에 의존해 세상을 배워간다고 했습니다. 그래서 아이에게 운동과 감각 자극을 주는 안아주기가 중요하다고도 했고요. 아이를 안아주면 인지발달과 애착 형성이 동시에 이루어지니, 일석이조네요. 가능한 한 많이 아이와 접촉하세요. 신체적 영양분뿐만 아니라 정서적 영양분도 충분히 '주는' 것이니까요.

이것만은 꼭 기억하세요

따뜻하고 부드러운 접촉은 애착 형성에 도움을 줍니다. 또한 인지발달에도 도움이 되니 아이를 자주 안아주세요.

상황과 시기에 맞게 반응해주세요

부모와 아이가 자주 접촉하면 애착이 형성된다는 것을 이제 알게 됐습니다. 애착, 접촉, 신뢰, 희망 등을 아이에게 '주는 것'이 중요하다는 것도요. 그럼 어떻게 해야 부모가 아이에게 더 '잘' 줄 수 있을까요?

답은 간단합니다. 상황과 시기에 맞게 아이에게 반응하면 됩니다. 상황과 시기에 맞는 반응이 '주기'의 핵심입니다. '상황과 시기'는 아이마다 제각각인데 그걸 어떻게 알 수 있느냐고요? 모호한 이야기라고 생각할 수 있습니다. 그런데 분명한 것은 상황과 시기에 맞는 반응은 부모의 직감과 본능에 따라 누구나 할 수 있습니다. 우리가 누군가를 사랑할 때 정해진 방식에 따라 사랑하지 않는 것처럼 부모가 아이에게 반응하는 것도 정해진 방법을 따르는 것이 아닙니다. 상황과 시기에 맞게 아이에게 자연스럽게 반응하다 보면 저절로 부모와 아이 사이에 안정적인 관계가 형성됩니다. 이 내용을 미국 발달심리학자 에드워드 트로닉Edward Tronick의 무표정 실험still face experiment을 통해 좀 더 구체적으로 알아봅시다.

무표정 실험이란 갑자기 주 양육자가 무표정으로 변할 때, 다시 말해 아이를 향한 주 양육자의 반응이 사라졌을 때 아이가 어떤 반응을 보이는지 살펴보는 실험입니다(유튜브에 'still face experiment'나 '무표정 실험'으로 검색하면 관련 영상이 나옵니다. 꼭 찾아보세요). 이 실험을 담은 영상 초반에는 부모와 아이가 상호작용하는 평범한 모습이 나옵니다. 엄마가 미소를 띠며 말을 걸고 아이 손을 잡기도 합니다. 아이도 그런 엄마를 바라보면서 편안하고 기분 좋은 표정을 짓습니다. 아이가 어딘가를 가리키면 엄마도 이에 관심을 보이면서 가리킨 곳을 같이 바라봅니다. 손장난을 치기도 하고 눈을 마주보고 웃으며 서로의 감정을 공유합니다.

그런데 실험 중간에 상황이 급변합니다. 주 양육자가 갑자기 무표정으로 일관하며 아이에게 어떤 반응도 보이지 않는 것이지요. 아이는 즉시 엄마가 평소와 다르다는 것을 알아채고 어리둥절합니다. 원래 자신이 알던 엄마의 모습을 되찾으려 엄마를 향해 웃고 손짓하며 소리치기도 합니다. 하지만 이 모든 노력에도 엄마는 전혀 반응이 없습니다. 이제 아이의 표정이 조금씩 일그러집니다. 아이는 불안해하면서 소리를 지르기도 하고, 손짓, 발짓을 하는 등 모든 애착 행동을 보입니다. 그러다 결국 아이는 어떻게 할까요? 좌절감에 울음을 터뜨립니다.

아이가 울자 엄마는 무표정 실험을 끝냅니다. 원래 모습으로 돌아와 아이 이름을 부르며 괜찮다고 말합니다. 또 아이의 손을 잡아주고 미소 짓습니다. 그러자 아이는 금세 다시 편안함을 느끼고 웃기 시작합니다. 아이가 주 양육자와 떨어졌다 다시 만날 때 아이의 반응을 살펴보면 애착 유형을 알 수 있다고 했지요? 영상 속 아이는 금세 편안한 모습을 보였으니, 엄마와의 애착이 잘 형성되었다는 사실을 알 수 있습니다.

이 실험에서 우리가 배울 수 있는 것은 아이를 대하는 부모의 '자연스러운' 모습입니다. 실험 속 엄마가 아이를 대하는 모습에서 아이와 애착을 형성하는 대부분의 방법을 찾을 수 있습니다. 그리고 이 방법들은 '상황과 시기에 맞게 아이에게 반응하기'로 요약됩니다.

무표정 실험 영상을 보면 아이가 울음을 터뜨리며 불안해하자 엄마는 아이가 힘들어한다는 것을 직감적으로 알고 즉시 안심시킵니다. 아이를 안심시키는, 즉 아이가 안정감을 느끼게 하는 방법은 아이와 눈을 맞추고, 아이를 안아주고, 아이에게 괜찮다고 말하는 것과 같은 간단한 행동입니다. 부모는 아이가 힘든지, 기쁜지, 자세가 불편한지, 배가 고픈지, 몸이 아픈지, 부모와 놀고 싶은지, 기저귀를 갈아야 하는지를 파악해서 상황에 맞게 반응하면 됩니다. 아이가 왜 우는지 모를 수도 있습니다. 그래도 괜찮습니다. 우는 아이를 달래주는 것 자체가 상황에 맞는 반응이니까요. 다만 반응이 너무 늦어서는 안 되겠지요. 특히 아이가 어릴수록 스스로 감정을 조절하기 어렵기 때문에 부모는 아이의 표현에 즉각 반응하고 감정을 조절할 수 있게 도와야 합니다.

노래를 잘하려면 발성 연습을 하고 기교를 배워야 하지만, 무대에서 노래할 때는 그 모든 것을 잊고 노래에 빠져 감정 전날에 충실하면 된다는 한 음악가의 말이 떠오릅니다. 아이를 대하는 것도 마찬가지입니다. 부모가 양육에 관해 너무 기술적으로 접근하면 아이에게 자연스럽게 반응하지 못할 때가 많습니다. '이럴 땐 이렇게 해야 한다'는 생각과 '이럴 땐 어떻게 해야 하지'라는 걱정이 부모의 자연스러운 반응을 가로막습니다. 부모는 아이를 잘 관찰하고, 그 상황과 시기에 맞는 자연스러운 반응만 보여도 충분합니다. 부모가 너무 불안해서 아이를 관찰하지 못할 때, 너무 잘하려고 해서 마음보다 머리를 쓸 때 문제가 생깁니다.

'이런 상황에서 이렇게 하고, 저런 상황에서 저렇게 하세요'라고 하나하나 방법을 알려주는 것이 좀 더 명확하고 구체적으로 양육에 도움이 된다고 생각하는 부모도 있을 것입니다. 하지만 혹시라도 그 방법이 아이에게 맞지 않는다면 어떻게 하나요? 아이를 기르며 예상하지 못한 상황이 수없이 발생할 텐데 모든 상황의 답을 미리 알 수 있을까요? 만약 답을 모를 때 부모는 어떻게 해야 할까요? 아이를 키우는 데 상황마다 정해진 답을 모두 알고 있어야 한다면, 오히려 부모 되기가 더 힘들고 어렵지 않을까요?

부모가 정답을 모르는 것보다 불안감이나 당혹감에 압도당해 상황과 시기에 맞는 자연스러운 반응을 하지 못하는 것이 더 큰 문제입니다. 내 아이는 다른 아이와 다릅니다. 부모 역시 다른 부모와는 다르지요. 이런 특수성, 개별성이 있기에 양육에서 일률적인 방법은 존재할 수 없습니다. 정답이 없는 것이지요. 다만 '상황과 시기에 맞게 반응해주세요'라는 원칙만 있습니다. 존재하지 않는 정답을 찾으려 헤매지 말고 자연스럽게 아이와의 시간을 보내세요. 눈을 맞추고 안아주세요. 때로는 복잡한 것보다 단순한 것이 가장 올바른 것일 수 있습니다.

당신은 충분히 괜찮은 부모입니다

생애 초기, 특히 12개월 미만의 아이에게는 양육자가 꼭 필요합니다. 특히 아이가 양육자와 맺는 관계는 아이에게 평생에 걸쳐 영향을 미칩니다. 부모는 아이 곁에 '머물'고 '신체 접촉'을 하면서 '상황과 시기에 맞게 반응'해 아이와 안정된 애착 관계를 형성해야 합니다.

상황과 시기에 맞는 반응은 어렵거나 복잡하지 않습니다. 눈을 맞추고 손을 잡고 안아주는 단순한 행동입니다. 애착 관계의 70퍼센트 정도는 안정형 애착 유형입니다. 그러니 혹시라도 아이의 애착에 문제가 있는 것은 아닌지 걱정하지 않아도 됩니다.

그래도 우리 아이가 나머지 30퍼센트에 속하면 어쩌지 하는 부모도 있을 겁니다. '내가 아이에게 정말 좋은 엄마(혹은 아빠)가 아니면 어쩌지? 내가 아이에게 무언가 잘못하고 있는 건 아닐까?'라고 생각하며 다른 부모와 자신을 비교하기도 하지요. 비교를 통해 양육의 팁을 배우고 힘을 얻는 때도 분명 있으나 대개는 부모 스스로 충분하지 않다는 생각에 빠져 죄책감과 열등감에 휩싸입니다.

'충분히 좋은 부모good enough parent'라는 개념이 있습니다. 좋은 부모가 되려면 부모에게 특별한 기술, 타고난 재능이 필요한 것이 아니라 아이에게 안정적인 환경을 제공하는 것만으로도 충분하다는 의미입니다. '적당히, 그럭저럭, 그냥 꽤 괜찮은 부모' 정도라고 할까요? 절대로 '완벽한' 부모는 아닙니다. 완벽할 필요도 없고 완벽할 수도 없습니다. 만약 완벽한 부모가 되려 한다면, 오히려 완벽해야 한다는 강박에 머리가 복잡해지고 아이에게 자연스러운 반응을 하지 못합니다. 혹은 완벽해 보이는 다른 부모와 비교하면서 자신의 단점만을 자꾸 들여다보고 좋은 엄마, 아빠가 되지 못했다는 생각에 자신감을 잃습니다. 이는 양육에 쏟을 에너지를 빼앗고, 아이의 태도 하나하나에 감성이 요동치는 원인이 됩니다.

'안정적인 환경'은 무엇을 말하는 걸까요? 물리적으로 안정적인 공간을 의미하기도 하지만 따뜻하고 섬세하고 정확하게 반응해주는 심리적 공간을 말합니다. 다른 말로 '안아주기 환경holding environment'이라고 합니다. 아이가 '이 공간에서는 어떤 상황이 벌어져도 누군가가 따뜻하게 반응해줄 거야'라는 안정감을 느끼게 하는 곳이죠. 결국 부모가 따뜻하고 섬세하고 정확하게 반응하는 환경을 아이에게 주는 것만으로도 아이는 정서적으로 안정적으로 자랍니다.

혹시라도 부모로서 자신이 부족하다고 느낀다면, 당신은 생각보다 충분히 괜찮은 부모일 겁니다. 적어도 아이를 위해 고민하는 '꽤 괜찮은 부모'일 테니까요. 아이를 안심시키고 포근히 안아주듯 자신을 격려하고 따뜻하게 감싸주세요. 그리고 조용히 말해보세요. '나는 충분히 괜찮은 부모야'라고요.

'주기' 핵심 정리

- 애착은 한 개인과 돌보는 사람 사이에 존재하는 특별한 사회적 상호작용, 정서적 유대감이다.
- 애착은 특별한 한 사람이 아이에게 따뜻하고 부드러운 접촉을 할 때 형성된다.
- '주기'는 상황과 시기에 맞게 아이에게 섬세하게 반응하는 것이다.
- 부모는 완벽할 수도, 완벽할 필요도 없다. 적당히 괜찮은 부모가 되는 것만으로도 충분하다.

4장

양육의 핵심 2
다듬기

신체적, 정서적 영양분을 충분히 받은 영아기 아이는 걸음마기로 들어섭니다. 걸음마기 아이는 자기주장이 강해집니다. 부모에게 의존했던 아이는 이제 스스로 원하는 것을 요구하기 시작합니다. 이 시기에는 적절한 자기주장, 자율성, 탐색 경험의 중요성이 커집니다.

하지만 어쩔 수 없이 아이는 자신의 의지와 다르게 행동을 저지당하는 상황을 마주합니다. 먹고 싶은 음식이 있어도 먹지 못하고, 갖고 싶은 물건이 있어도 갖지 못하고, 가고 싶은 곳이 있어도 가지 못할 수 있습니다. 현실은 아이가 원하는 모든 것이 이루어지는 세상이 아닙니다. 때로는 실패하고 좌절하고 슬퍼할 수밖에 없지요. 모든 것이 자신이 원하는 대로 이루어진다고 믿는다면, 아이는 자랄수록 더 큰 실망과 분노를 겪게 됩니다. 그래서 부모는 녹록하지 않은 세상을, 있는 그대로의 세상을 아이에게 조금씩 알려줘야 합니다.

세상이 자기 뜻대로 되지 않는다는 것을 배우는 과정은 아이에게 결코 유쾌하지 않을 겁니다. 그렇다고 피할 수는 없습니다. '주기'에서 아이에게 충분한 신체적, 정서적 영양분을 제공했다면 '다듬기'에서는 적절한 기준과 한계를 알려줘야 합니다.

영아기 아이에게는 아이가 버릇없이 자라면 어쩌나 하는 불안은 내려놓고 가능하면 충분히 주어야 합니다. 하지만 물 양이 적정량을 넘으면 식물 뿌리가 썩듯, 걸음마기 아이에게 '과도한 주기'는 성장에 도움이 아닌 해가 됩니다. 여기서 '과도한 주기'란 한계 없는 허용을 말합니다. 걸음마기의 한계 없는 허용은 '주기'의 목적인 애착, 신뢰 형성에 도움을 주지 못할 뿐만 아니라, '다듬기'의 목적인 자기 조절, 규칙, 기준을 배우고 익히는 일에 방해가 됩니다.

이제는 '주기'와 '다듬기'의 섬세한 조율이 필요합니다. 허용하되 한계가 있어야 합니다. 이 균형점을 찾기 위해 '다듬기'가 무엇인지 살펴봅시다.

훈육은 언제부터 하나요?

'언제부터 훈육해야 하나요?'라는 질문을 참 많이 듣습니다. 부모는 왜 이것이 그렇게 궁금할까요? 아마도 아이가 어느 정도 자라면 부모가 아이에게 '되는 것'과 '안 되는 것'을 가르쳐야 한다는 사실은 알고 있는데 정확한 시기를 모른다는 불안감에 그런 것 같습니다. 혹은 위험하거나 잘못된 행동을 한 아이를 혼내야 할 것 같은데 언제부터 혼내도 되는지 궁금할 수도 있습니다. 그리고 훈육을 시작하는 특정 시기가 존재한다는 믿음이 있을 수도 있고요. 그러면 부모는 아이에게 무엇을 가르쳐야 할까요? 반대로 아이는 무엇을 배워야 할까요? 훈육을 시작하는 특정 시기가 과연 있을까요? 그렇다면 훈육이란 무엇일까요?

간단히 인터넷 검색만 해도 훈육을 시작하는 시기에 관한 정보는 아주 많습니다. 자료에 따라 다르지만 대개는 훈육 시작 시기를 24개월 혹은 36개월이라고 말합니다. 여기서 '개월 수'보다 중요한 것은 '왜 그때부터일까?'입니다.

이 질문에 대답하려면 우선 생후 24개월과 36개월 시기의 발달 특징을 알아야 합니다. 아이가 24개월이 되면 "엄마", "우유" 같은 짧은 두 단어 문장을 사용하고 부모의 간단한 지시를 알아듣습니다. 24개월에서 36개월은 언어가 폭발적으로 발달하는 시기입니다. 이 시기에는 아이가 부모 말을 어느 정도 듣고 이해할 수 있으니, 일반적으로 생각하는 훈육('이거 하면 안 돼')을 24개월 무렵 시작하는 게 좋다고 설명합니다. 비슷한 관점으로 좀 더 복잡한 지시는 36개월부터 가능하겠네요.

그럼 24개월 전에는 부모가 아이의 행동과 요구를 무조건 수용하고 24개월 이후부터 훈육하라는 말일까요? 그렇지 않습니다. 발달 이론에서 강조했던 '스펙트럼'의 개념이 여기서도 적용됩니다. 훈육을 시작해도 되는 적기는 따로 정해진 게 없습니다. 다만 24개월이라는 발달 시기의 특징을 고려했을 때, 아이의 언어 이해 정도가 훈육 여부를 결정하는 중요한 요인이라는 점은 명확합니다.

훈육discipline의 사전적 의미는 '규칙에 따라 행동하도록 가르치고 기름'입니다. 아이가 '규칙에 따라 행동하려면' 스스로 감정을 조절할 수 있어야 합니다. 그리고 감정을 조절하려면 당장의 욕구를 누르고 만족을 미룰 줄 알아야 합니다. 예를 들면 아이는 지금 화가 나서 물건을 던지고 싶지만 참아야 합니다. 남의 물건이 지금 너무나 갖고 싶지만 기다려야 합니다. 빨리 가서 먼저 먹고 싶지만 줄을 서야 합니다. 훈육을 통해 배워야 하는 것은 '현재의 욕구를 참고 만족을 지연하는 법'입니다. 이것은 '교육'의 영역에 속합니다.

그런데 무엇 때문에 지금 하고 싶은 걸 참아야 할까요? 훈육의 의미가 '규칙에 따라 행동하도록 가르치고 기름'이고 훈육을 통해 배워야 하는 것이 '욕구와 만족을 지연하는 능력'이라면 그 목적은 '아이가 커서 이 세상에 좀 더 잘 적응하기 위함'입니다. 아이가 사회에 잘 적응하면 생존 가능성이 높습니다. 감정을 조절하지 못하는 사람, 자기 마음대로만 하려는 사람, 남에게 피해를 주는 사람은 다른 사람과 잘 어울리기 어렵습니다. 주변 사람과 잘 어울리지 못하면 도움을 주고받으며 살아가기 힘들지요. 결국 규칙을 따르고 욕구와 만족을 지연할 수 있는 사람이 사회에 잘 적응하고 그 사회의 보호를 받을 수 있습니다.

이제 '다듬기'라는 개념을 생각해봅시다. 가지치기는 단기적으로 식물에 상처를 입혀 해를 끼치는 일입니다. 하지만 장기적인 관점에서 적절한 가지치기는 식물이 더 잘 크도록 돕습니다. 더 크고 건강하게 자라도록 현재를 희생하고 절제하는 것입니다. 이 같은 다듬기 과정이 양육에서도 필요합니다. 양육에서 '다듬기'란 아이의 생존과 사회 적응을 위해 현재의 욕구와 만족을 지연하는 능력을 키워주는 교육입니다.

결국 현재의 욕구와 만족을 지연한다는 점에서 훈육과 다듬기는 크게 다르지 않습니다. 24개월부터 훈육을 하면 된다는 개념은 아이가 '이거 하면 안 돼'를 알아들을 수 있다는 언어 발달 관점에서 나왔습니다. 우리가 일반적으로 말하는 '훈육'은 언어 발달을 기준으로 한 '좁은 의미의 다듬기'라고 할 수 있습니다(훈육 시작 시기를 24개월로 이야기하는 또 다른 이유는 이때가 되면 아이가 이전보다 어느 정도 감정 조절을 할 수 있기 때문입니다. 우선 여기서는 언어 발달의 개념으로 한정하겠습니다).

그럼 '훈육을 언제부터 하나요?'를 '다듬기는 언제부터 하나요?'로 바꾸어 봅시다. 24개월인가요? 아닙니다. '생애 초기'부터입니다. 생존과 사회 적응을 위해 현재의 욕구와 만족을 지연하는 능력을 키우는 교육을 '다듬기'라고 한다면, 다듬기는 특정 시기가 아닌 생애 초기부터 시작됩니다.

5개월 된 아이가 있습니다. 아이는 무엇인지도 모르는 물건을 바라봅니다. 흥미로운 모양에 색깔도 화려해서 호기심이 생깁니다. 아이는 본능적인 끌림에 물건을 집어 입으로 가져갑니다. 순간 '안 돼'라는 말과 함께 부모는 물건을 뺏습니다. 끝이 뾰족하고 아주 조그마한 블록이었던 것이죠. 혹시라도 아이가 블록을 삼키면 목에 걸릴 수 있습니다. 그러니 아이에게서 블록을 빼앗았다고 죄책감을 느끼는 부모는 없겠지요? 하지만 아이 입장에서는요? 어찌 되었든 블록을 만지고 싶고 입에 넣고 싶은 욕구가 충족되지 못했습니다.

부모가 아이에게서 블록을 빼앗은 행위는 아이의 건강과 생존을 위한 다듬기입니다. 아이가 소파 위를 오르려 할 때 떨어지지 말라고 번쩍 안아 바닥에 내려놓는 것도 다듬기입니다. 이렇게 부모는 아이가 태어난 순간부터 지속해서 다듬기를 합니다. 다만 아이가 자라면서 훈육과 다듬기의 대상이 위험한 물건 만지지 않기나 높은 곳에 오르지 않기 뿐만 아니라 물건 던지지 않기, 떼쓰지 않기, 거짓말하지 않기와 같은 사회 적응, 도덕성과 관련된 개념으로까지 확장됩니다.

아이가 태어나서 성장하는 매 순간 '다듬기'가 필요합니다. 아이의 발달 단계마다 적합한 다듬기 형태와 방법이 다를 뿐입니다. 아이가 부모의 지시를 이해할 수 있다면 말로 다듬기를 하면 됩니다. 반대로 말도 이해하지 못하는 아이에게 안 되는 이유를 길게 설명하거나 의견을 물어볼 수는 없습니다.

훈육이 다듬기와 같은 개념이라는 걸 알면 '언제부터 훈육해야 하나요?'라는 질문이 무의미해집니다. 그래도 특정 시기가 궁금하다면, 훈육 시작 시기는 특정 개월 수가 아니라 아이가 얼마나 지시를 따를 수 있는지에 따라 결정할 수 있음을 기억하세요. 훈육은 절대로 아이를 혼내는 것, 특정 행동을 못하게 하는 것이 아닙니다. 다듬기도, 훈육도 아이가 참고 기다릴 수 있게 돕는 교육입니다.

적당한 좌절은 선택이 아닌 필수

걷고 말하기 시작한 아이의 세상은 넓어지고 자기 주장도 강해집니다. 그 과정에서 아이는 자신도 모르게 하지 말아야 할 행동을 하기도 합니다. 이때 부모는 제멋대로인 아이에게 옳고 그름을 가르쳐야 한다고 본능적으로 느낍니다. 또 아이 스스로 감정과 행동을 조절할 수 있도록 도와주어야 한다고 믿습니다.

하지만 부모가 아이에게 무엇인가를 가르치려고 하거나 행동을 제재하려고 하면 아이는 저항합니다. "싫어!" 양육이 힘들게 느껴지는 순간입니다. 실제로 아이가 말하고 걷기 시작하면 많은 부모가 힘들어합니다. 아이를 통제하는 일이 점점 어렵게 느껴지는 것은 물론, 아이의 넘치는 에너지를 따라갈 수 없기 때문이죠. 하지만 넓어지는 아이의 세계, 뚜렷해지는 자기주장은 피할 수 없는 성장 과정입니다.

이때 부모는 아이에게 무엇을 가르쳐야 할까요? 규칙 준수와 자기 조절입니다. 걸음마기를 지난 아이는 적극적으로 또래 친구와 놀기 시작합니다. 이때 어느 정도 규칙을 지키고 자기 조절이 가능해야 또래와 어울릴 수 있습니다. 이러한 규칙 준수와 자기 조절의 중요성은 아이가 자랄수록 더욱 커집니다. 특히 초등학교 생활에 적응하려면 규칙을 따르고 자신의 감정과 행동을 조절할 줄 알아야 합니다.

아이가 규칙 준수와 자기 조절을 배우려면 우선 아이에게 현재의 욕구와 만족을 지연하는 능력이 있어야 합니다. 즉, 규칙 지키기와 자기 조절을 가르치는 것은 '다듬기'에 속합니다. 다만 규제와 통제가 너무 엄격하면 아이는 자율성이라는 힘을 잃게 됩니다. 이에 부모는 아이가 포기하지 않도록 적당한 정도로 다듬기를 해야 합니다. 이 개념을 '적당한 좌절optimal frustration'이라 부릅니다.

앞에서 설명했듯 아이에게는 자신만의 세상을 홀로 탐색하고 경험하는 과정이 필요합니다. 부모가 너무 엄격하게 아이의 행동 하나하나를 통제하면 아이는 스스로 행동하려는 의지를 잃습니다. '난 해도 안 되는구나'라는 좌절감을 심어줄 수 있습니다. 만약 부모가 실수를 용납하지 못하는 성향이라면 아이의 행동을 점점 더 제한하게 됩니다. 잘하지 못할 것 같으면 시도도 못하게 하는 거죠. 아이는 실수를 통해 세상을 배워가는 것이 당연한 데도 말이죠. 그럼 아이는 항상 부모의 눈치만 보고 탐험하려는 의지를 잃고 맙니다.

반대로 '자율성이 중요하다고 하니 하고 싶은 걸 다 할 수 있게 해야 해'라며 아이가 어떤 행동을 해도 내버려두는 부모도 있습니다. 아이가 원하는 것은 무조건 사주고 허용하는 부모도 있습니다. 또한 아이가 친구에게 잘못해도 기를 살려줘야 한다며 아이의 잘못을 인정하지 않는 부모도 있습니다. 이런 경우 아이는 좌절을 제대로 경험하지 못합니다. 아이는 자신의 모든 욕구가 만족될 수 없는 현실을, 사회 구성원으로서 자신이 지켜야 하는 규범을, 상황에 맞게 행동하는 법과 감정 조절 방법을 배우지 못할 수 있습니다.

어떤 부모는 아이를 이길 수 없다며 다듬기를 포기하기도 합니다. 30개월 첫째와 갓 태어난 둘째를 키우던 한 어머니가 생각납니다. 첫째 아이는 엄마가 동생을 돌보려고 하면 심하게 떼를 쓰고 울며 화를 냈습니다. 그래서 엄마는 동생을 제대로 돌보지 못한 채 첫째의 응석을 모두 받아줄 수밖에 없다고 토로했습니다. 아이가 원하는 대로 끌려다니며 이러지도 저러지도 못한 채 당황스러워하던 그분의 모습이 너무 안타까웠습니다.

사실 부모가 다듬기를 포기하는 모습은 흔하게 볼 수 있습니다. 마트에서, 식당에서, 공원에서 이런 모습은 자주 목격됩니다. 예를 들어 마트에 간 아이가 원하는 물건을 얻기 위해 갑자기 드러눕고 떼를 쓰는 경우가 있습니다. 부모는 당혹감과 창피함 때문에 아이가 원하는 대로 부모에게 불리한 협상을 하고 상황을 급하게 마무리하기도 합니다.

너무 엄격한 태도, 너무 방임적인 태도, 훈육을 포기하는 태도 등과 같이 '다듬기' 단계에서 부모들은 저마다의 이유로 대응 방식에 큰 차이를 보입니다. '다듬기'는 아이의 생존과 사회 적응을 위해 현재의 욕구와 만족을 지연하는 능력을 아이에게 가르치는 것입니다. 현재의 욕구와 만족이 조금씩 충족되지 않는 좌절 경험을 통해 아이는 규범과 규칙을 지키는 법, 감정과 욕구를 조절하는 법을 배워 나갑니다. 부모가 너무 엄격하게 아이를 통제하면 아이는 그 좌절을 이기지 못하고 앞으로 나아갈 힘을 잃습니다. 부모가 너무 방임적이거나 다듬기를 포기하면 아이는 좌절을 경험하지 못하고 제멋대로 행동하는 아이가 될 위험이 있습니다. 다시 한 번 강조하지만, 극단적인 태도는 좋은 양육이 아닙니다.

아이에게 '적당한 좌절'은 선택이 아닌 필수입니다. 너무 큰 좌절은 아이가 견딜 수 없고, 너무 작은 좌절로는 아이가 아무것도 배우지 못하니까요. 아이에게 좌절을 경험하게 하는 것은 아이를 사랑하지 않아서가 아닙니다. 아이에게 무엇인가를 가르치기 위해서입니다. 그러니 죄책감은 내려놓고 아이가 좌절을 통해 배울 수 있도록 곁에서 지켜주세요. 나무가 추운 겨울을 견디면서 더 단단한 나이테를 만들 듯, 아이는 적당한 좌절을 견디면서 더 성숙한 개인이자 사회 구성원으로 자랍니다.

클수록 기다려 주세요

아이에게는 어느 정도의 좌절이 '적당'할까요? 다듬기 정도가 적당한지 아닌지 알려면 아이의 발달 단계를 살펴봐야 합니다. 먼저 다듬기 방법에 무엇이 있는지, 그 단계는 어떻게 되는지 알아봅시다.

아이는 이것저것 손으로 만지고 입으로 가져가는 것을 좋아합니다. 영아기 아이가 무엇인지도 모르는 더러운 물건을 입에 가져가려 하면 부모는 "지지야"라면서 아이에게서 물건을 빼앗고 다른 곳으로 시선을 돌립니다. 그럼 대개 아이는 어리둥절하다는 듯 부모를 쳐다보다 금세 다른 대상에 관심을 보이지요.

아이는 크게 보채지 않고 부모도 그 행동을 당연하다고 여깁니다.

또 다른 아이는 호기심을 보이며 여기저기 기어 다닙니다. 조금 높은 곳에는 무엇이 있을지 궁금해 소파 위나 식탁의자에 오르려고 합니다. 아이는 높은 곳이 위험하다고 인식하지 못합니다. 그냥 단지 올라가 보고 싶은 마음만 있습니다. 이를 옆에서 보던 부모는 아이가 넘어지려 하는 순간 "안 돼"라고 소리치며 재빨리 아이를 낚아채 다치지 않도록 하지요.

둘 다 부모가 아이에게 닥친 위험한 상황에 개입해 해결한 것입니다. 아이와 상의할 수도, 아이가 스스로 결정할 때까지 기다릴 수도 없습니다. 아이가 부모의 지시를 이해하기 어렵거나 상황이 급박하면, 부모의 직접적인 '개입과 해결'이 다듬기의 방법이 됩니다.

이제 아이가 조금 더 컸습니다. 아이는 36개월이 되었고 동생도 태어났습니다. 동생이 태어나니 아이가 질투심을 보입니다. 동생의 물건을 빼앗기도 하고 괜히 동생을 꼬집고 밀쳐 보기도 하지요. 부모는 엄하게 "그러면 안 돼"라고 이야기합니다. 아이가 눈물을 찔끔 흘리지만 부모는 여전히 단호합니다. "그럼 동생이 '아야' 해. 그러면 안 되는 거야." 짧은 설명과 함께 할 수 있는 것과 하지 말아야 할 것을 아이에게 명확하게 알려줍니다.

이는 '지시와 설명'으로 다듬기를 한 것입니다. 아이가 어릴수록 짧은 설명과 명확한 지시가 필요합니다. 아이가 자랄수록, 아이의 이해력이 늘수록 길고 자세한 설명을 할 수 있습니다.

어느새 아이가 초등학생이 되었습니다. 부모는 이제 아이에게 더 많이 설명해야 합니다. 그냥 '해라', '말라'가 아닌 그 이유를 구체적으로 아이에게 설명하는 시기입니다. 부모는 아이와 함께 생각해보고 아이에게 혼자 생각해볼 시간을 주기도 합니다. "왜 그랬니?", "어떻게 하면 좋을까?" 같은 질문을 먼저 꺼내 아이가 문제를 해결하도록 하는 것이죠. 때론 부모가 먼저 좋은 의견을 제시하기도 합니다. "이렇게 해보면 어떨까?"라고요. 이렇게 초등학생 부모는 '약간의 상의와 적극적인 권유'로 다듬기를 합니다.

아이가 청소년이 되면 부모는 아이에게 무작정 강요하는 것이 불가능하다는 사실을 깨닫습니다. 이미 아이는 자기 의견이 분명해서 부모의 강요와 설득을 잘 받아들이지 않습니다. 오히려 부모가 강압적인 태도를 보일수록 더 어긋납니다. "엄마(아빠)는 항상 잔소리만 해"라는 말, 익숙하지 않나요?

자기 생각이 분명한 청소년을 대할 때 부모는 주장과 강요를 내려놓아야 합니다. 부모가 봤을 때는 아직도 알려줘야 할 것이 많은 아이지만 스스로는 이미 다 컸다고 생각합니다. 부모 눈에는 부족한 점이 많이 보이겠지만 아이의 판단을 존중해주는 편이 낫습니다. 아이 의견을 먼저 물어보고 존중하는, 부모의 의견보다는 아이 말에 귀 기울이는 '적극적으로 상의하되 조금은 권유하는 태도'가 청소년 시기의 부모에게 필요합니다.

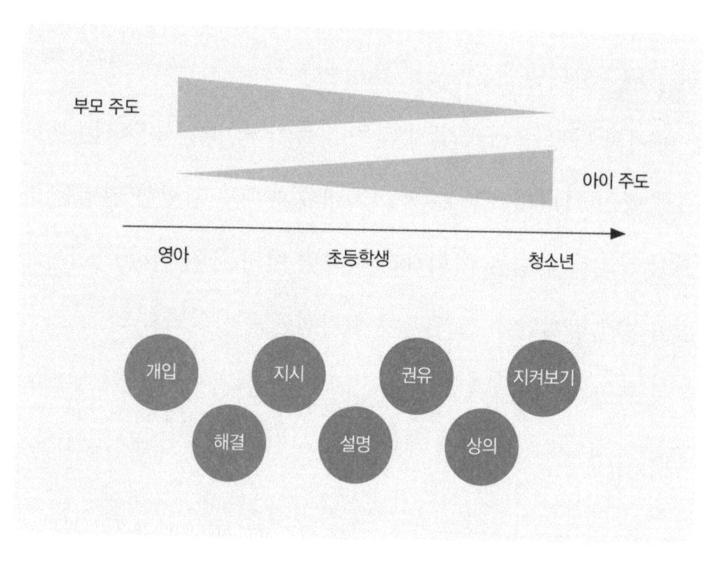

아이의 성장에 따른 다듬기 균형점 찾기

개입, 해결, 지시, 설명, 권유, 상의는 부모의 태도, 즉 다듬기 방법을 표현하기 위해 고른 단어들입니다. 사실 어떤 단어를 써도 상관없습니다. 중요한 것은 아이가 어릴수록 부모가 좀 더 개입하고, 아이가 클수록 개입은 줄이고 아이의 판단을 존중해야 한다는 점입니다. 아이가 스스로 결정하기 어려울 때는 부모가 대신 결정해줍니다. 아이가 자랄수록 부모와 아이가 머리를 맞대고 같이 생각합니다. 이 과정을 통해 아이는 부모가 상황을 어떻게 파악하고 해결하는지를 보고 배웁니다. 스스로 생각하고 행동하는 기회를 통해 비로소 아이는 홀로 문제를 해결하는 법을 터득합니다.

아이의 발달 단계에 맞지 않는 다듬기 방법을 사용하는 부모를 종종 만납니다. 12~24개월 아이에게 너무 장황한 설명을 하면서 상의나 타협을 시도하는가 하면 이미 훌쩍 자란 아이에게 강압적인 방법만을 쓰거나 아이 의견을 무시하기도 하죠. 어떤 부모는 '권위 없는 태도'로 아이에게 쩔쩔매고, 또 어떤 부모는 '지나치게 권위주의적인 태도'로 아이의 의견을 묵살합니다. 아이가 자랄수록 주도성이 더 존중되어야 한다는 기본 원칙이 지켜지지 않을 때 문제가 발생합니다.

물론 상황이 매우 급박하거나, 아이가 일시적으로 퇴행하거나, 아이 스스로 결정하지 못하는 경우라면 부모가 적극적으로 개입해야 합니다. 반면 아무리 아이가 어리더라도 상황이 위험하지 않거나 급하지 않다면 아이에게 문제를 해결할 기회를 주는 것이 좋습니다. 자율성 발달을 위해 24~36개월 아이에게 탐색 기회를 주는 것처럼요.

모든 상황을 해결해주는 효과적인 마법 같은 방법은 없습니다. 시기와 상황에 맞는 방법만 있을 뿐입니다. 때로는 부모가 행동해야 하고 어떨 때는 지켜보기만 해도 됩니다. 아이 발달 단계와 상황의 급박함에 따라 개입, 해결, 지시, 설명, 권유, 상의, 지켜보기의 알맞은 조합을 찾아보세요.

아이가
듣고도 모른 척하는
이유

우리가 일반적으로 말하는 훈육은 아이가 언어적 지시를 이해할 수 있어야 가능합니다. "안 돼", "하지 마"라는 말을 아이가 알아들어야 그 행동을 하지 않을 수 있지요. 따라서 아이의 언어 이해 정도는 다듬기 과정에서 중요하게 고려해야 하는 요소입니다.

또 무엇이 있을까요? 아이가 부모의 말을 이해했다고 혹은 이해한 것처럼 보인다고 해도 행동으로 옮기지 못할 때가 있습니다. "이제 안 할게요"라고 말한 아이가 언제 그랬냐는 듯 다시 똑같은 행동을 합니다. 부모 입장에서는 아이가 듣고도 모른 척하는 것 같아 속상하고 화가 나지요. 하지만 아이의 성장 과정 중에는 부모의 말을 듣기는 했으나 실천하지 못하는 단계가 있습니다. 머리로는 알지만 실천하지 못하는 것이죠.

따라서 다듬기를 할 때 아이의 언어 이해 능력과 함께 아이가 실제로 행동을 조절할 수 있는지를 고려해야 합니다. 여기서 주목할 점은 행동 조절이 감정 조절과 상당 부분 관련이 있다는 사실입니다. 양육자가 다듬기를 통해 가지치고 싶어 하는 것은 아이의 '바람직하지' 않은 행동일 텐데, 그런 행동은 대개 자신의 욕구가 채워지지 않아 짜증이 나거나, 화가 나거나, 불안할 때, 즉 감정 조절이 어려울 때 나오니까요.

결국 다듬기를 받을 아이의 발달 단계는 '언어 이해'와 '행동(감정) 조절'이라는 두 가지 발달 이정표를 기준으로 나눌 수 있습니다. 그리고 그 기준에 따르면 각 단계는 언어 이해가 어려운 시기, 언어 이해는 되지만 행동·감정 조절이 어려운 시기, 언어 이해와 행동·감정 조절이 가능한 시기입니다.

첫 번째 단계는 아이가 말을 이해하기 어려운 시기로 영아기 및 초기 걸음마기입니다. 이때는 무엇보다 '주기'가 중요한 시기입니다. 뿌리와 줄기가 튼튼한 식물이 가지치기를 견딜 수 있습니다. 따라서 아이가 버릇없어질까 봐 걱정되어 아이를 튼튼하게 자라게 하는 '주기'를 절제할 필요는 없습니다.

언어 이해가 어려운 영아기 아이에게도 부모는 이런저런 이야기를 합니다. "우리 아기, 울었어? 괜찮아?" "아이고, 너무 예쁘다." 아이가 말 자체를 이해하지는 못하지만 말할 때 짓는 부모의 표정, 눈 맞춤, 접촉을 통해 부모와 애착을 형성하기 때문에 언어 표현은 '주기'로서 여전히 의미가 있습니다. 반면 '다듬기'로서 언어 지시는 이 시기 아이에게 큰 도움이 되지 않습니다. 아이가 이해하지 못하니까요. 그래서 이 시기에는 비언어적인 방법으로 부모 주도의 다듬기를 사용합니다. 앞에서 말한 위험한 물건을 치우거나 위태로운 환경에서 아이를 데리고 나오는 것이 그 예입니다. 즉, 부모의 적극적인 '개입과 해결'이 아이에게 필요합니다.

두 번째 단계는 아이가 말을 이해하지만 행동·감정 조절은 잘 안 되는 시기입니다. 대부분의 걸음마기가 이 단계에 속합니다. 아이의 언어는 이 시기에 폭발적으로 늘어나는데 부모는 이를 보고 아이가 천재가 아닐까 하는 생각에 살짝 설렙니다. 부모가 하는 말을 다 이해하는 것처럼 보이기도 하지요. 그래서 부모는 말로 충분히 설명하고 약속하면 아이가 그 약속을 잘 지킬 거라고 철석같이 믿습니다.

하지만 이것은 환상입니다. 부모는 이 환상에 빠져 아이가 실제로 받아들일 수 있는 것보다 더 많은 것을 아이에게 요구합니다. 상호 존중이 중요하다고 하니 규칙 하나하나에 대해서 아이에게 의사를 묻기도 하고, 장황하게 설명하기도 하며, 몇 가지 지시를 동시에 하기도 합니다. 아이는 고개를 끄덕이거나 '네' 하고 대답했지만 결국 바뀌는 것은 없습니다. 환상에 빠진 부모는 아이가 듣고도 모른 척한다고 생각합니다. 그래서 "아이가 다 듣고 이해하는데 말을 안 들어요. 일부러 그러는 것 같아요"라는 오해가 생깁니다.

비록 아이가 말을 모두 이해한 것처럼 보여도 실제로는 그 말을 다 소화하지 못했을 가능성이 큽니다. 부모의 설명과 지시를 이해했더라도 감정 조절이 어려운 시기이기 때문에 행동이 따라주지 못합니다. 아이는 하지 말라는 말을 들었으나 여전히 하고 싶고, 그 감정과 욕구를 통제할 수 없습니다. 여러분은 '30분만 핸드폰하고 일하기'를 쉽게 지킬 수 있나요? 새해 운동 계획이나 금연 계획이 작심삼일로 끝났던 경험이 누구에게나 있을 겁니다. 어른인 우리도 하루하루 자신의 감정과 욕구를 조절하기가 힘겨운데 아이에게는 얼마나 더 어려울까요? "안 돼"라는 말을 듣고 이해하는 것과 그 지시를 행동으로 옮기는 것은 다른 차원의 문제입니다.

두 번째 단계에 있는 아이에게는 가장 중요하다고 생각하는 한두 가지 규칙만 알려주세요. 그리고 아이가 하나라도 지키도록 격려해주세요. 부모 눈에 열 가지가 걸리더라도 중요한 한 가지에만 집중하는 것이 핵심입니다. 아이가 한 가지라도 성공해야 성취하는 기쁨을 느끼고 스스로를 칭찬할 수 있습니다. 하나하나의 성공 경험이 모여야 아이는 좀 더 높은 수준의 다듬기를 받아들일 수 있습니다. 아이가 단번에 못하는 것은 당연하니 처음에는 성공 여부와 상관없이 약속을 지키려는 노력을 아낌없이 칭찬해주세요.

규칙과 지시는 구체적이고 명료해야 합니다. 모호하고 복잡하면 아이가 이해하지 못할 가능성이 높습니다. "다른 사람에게 인사를 잘해야지"보다는 "안녕하세요, 인사해볼까?"가 낫고, "깨끗이 치워야지"보다는 "이거 여기에 넣자"가 좋으며, "억지부리면 안 돼"보다는 "동생 장난감을 빼앗으면 안 되는 거야"가

낫겠죠. 해도 되는 것과 하면 안 되는 것을 구체적으로 말해줘야 합니다.

이 시기의 아이는 행동과 감정 조절이 어렵기 때문에 너무 화가 난 나머지 스스로를 통제하지 못할 수도 있습니다. 물건을 던지거나 자기 몸을 무는 경우도 있습니다. 이처럼 안전상의 이유로 긴급할 때는 부모가 아이를 안거나 손을 잡아 움직이지 못하게 막아야 합니다. 아이가 행동을 조절하지 못하니 부모가 대신 조절해주는 것이지요. 그리고 감정이 가라앉을 때까지 아이에게 충분한 시간을 줘야 합니다. 부모가 일관된 태도로 다듬기를 하면, 아이는 점차 행동을 통제하고 좀 더 쉽고 빠르게 성난 마음을 가라앉히는 법을 배울 겁니다.

세 번째 단계의 아이는 말을 듣고 이해하며 감정과 행동을 어느 정도 통제할 수 있습니다. 이때 부모는 아이를 기다려주면 됩니다. 이전까지 부모가 아이의 행동과 감정 조절에 즉각적이고 적극적인 역할을 했다면, 이제는 아이 스스로 행동과 감정을 조절하도록 기회를 주어야 합니다. 또 특정 상황에서 왜 그런 행동을 했는지 아이 스스로 생각해보게 하고 대안을 찾도록 격려하는 편이 좋습니다. "아까는 화가 많이 났던 거 같은데, 왜 그랬던 거 같아? 그때 어떻게 했으면 좀 더 좋았을까?"라고 아이에게 물어보는 거죠. 만약 스스로 대안을 찾기 어려워한다면 부모가 몇 가지 선택지를 줄 수도 있습니다. "같이 생각해볼까? 이렇게 할 수도 있을 거 같은데?"

지금까지 다듬기에서 고려해야 할 아이의 발달 단계를 살펴보았습니다. 중요한 것은 아이의 언어 이해 능력, 행동과 감정 조절 능력에 따라 부모의 접근법이 달라져야 한다는 점입니다. 특정한 다듬기 방법이 어떤 단계에서는 적절할 수 있지만, 다른 단계에서는 그렇지 않을 수 있습니다. 또한 상황의 급박함에 따라서 접근법이 달라지기도 합니다.

부모는 아이가 소화 가능한 만큼만 요구해야 합니다. 불필요한 오해로('아이가 내 말을 무시하는구나') 아이에게 화를 내는 것은 부모와 아이 모두에게 아무런 도움이 되지 않습니다. 부모가 화를 내는 것은 아이에게 감정 조절 실패의 예를 보여줄 뿐입니다.

아이의 발달 단계와 상황을 고려하지 않은 일률적인 다듬기는 옳지 않습니다. 다만 큰 원칙이 있습니다. 바로 아이가 어릴수록 부모가 적극적이고 명확한 태도로 아이를 다듬고, 아이가 클수록 아이 스스로 행동하고 생각할 기회를 주어야 한다는 것입니다.

이것만은 꼭 기억하세요

발달 단계에 따른 다듬기 방법

❶ 언어를 이해하기 어려운 시기

- 부모 주도의 다듬기
- 개입과 해결

❷ 언어를 이해할 수 있지만 행동·감정 조절이 어려운 시기

- 최소한의 규칙을 구체적으로 정하기
- 지시와 설명

❸ 언어를 이해하고 행동·감정 조절이 가능한 시기

- 부모 주도에서 아이 주도의 다듬기로 넘어가는 시기
- 권유, 상의, 지켜보기

떼를 써서
꽉 붙잡았는데,
괜찮을까요?

어떤 부모는 아이가 마트나 식당에서 떼를 심하게 쓸 때 아이를 그냥 안고 나와도 되는지 묻습니다. 어떤 부모는 조금 더 심각한 상황, 예를 들어 아이가 화가 나서 물건을 던지거나, 부모를 때리거나, 자신의 손을 깨물려고 할 때 어떻게 해야 하느냐고 묻기도 합니다. 아이를 손으로 잡아 제지하거나 품에 안아 아이가 움직이지 못하게 해도 되는지도요. 부모는 혹시라도 이러한 강압적인 태도가 아이에게 상처를 주는 것은 아닌지, 아이의 성격에 문제가 생기는 것은 아닌지, 오히려 아이가 감정을 제대로 표출하지 못해 더 크게 화를 내거나 공격적으로 자라지는 않을지 걱정합니다.

앞에서 이야기했듯 아이 스스로 감정과 행동을 조절하기 어려운 시기가 있습니다. 이때 부모는 아이가 감정과 행동을 잘 조절할 수 있게 적극적으로 도와야 합니다. 눈앞에 사고 싶은 물건이 보이면 떼쓰는 24개월 아이에게는 참고 기다리라고 하는 것보다 아이를 데리고 그 자리에서 벗어나는 편이 낫습니다. 아이를 유혹하는 물건이 눈앞에서 사라지면 아이도 덜 괴로울 테니까요.

만약 행동이 전혀 조절되지 않아 아이 자신이나 다른 사람이 다칠 수 있다면 어떻게 해야 할까요? 아이가 화를 조절하지 못해 물건을 누군가에게 던지려고 하면, 당연히 부모는 아이 손을 꼭 잡아 아무도 다치지 않게 해야 합니다. 아이든 다른 사람이든 안전에 문제가 된다면 부모는 아이를 막아야 합니다. 아이를 막는 행위에는 교육적인 의미도 있습니다. '사람에게 물건을 던지면 안 돼'를 가르치는 것이죠.

다만 안전상의 이유가 없다면, 그래서 좀 지켜볼 수 있다면 아이에게 신체적 제약은 굳이 필요하지 않습니다. 신체적 제약을 하려면 안전상의 이유가 있어야 합니다. 절대로 부모를 화나게 했다는 이유나 처벌을 목적으로 신체적 제약을 하면 안 됩니다. 부모가 감정에 따라 비일관적으로 아이의 행동을 제지하는 것은 아이가 자라고 배우는 데 아무런 도움이 되지 않습니다. 즉, 신체적 제약은 교육 목적으로 일관성 있는 '다듬기'로만 사용할 수 있습니다. 절대 부모 감정에 따라 아이를 혼내면 안 됩니다.

반대로 즉각적인 개입이 꼭 필요한 상황에서도 부모가 어쩔 줄 몰라 하거나 아이에게 주도권을 빼앗겨 끌려다니는 것도 피해야 합니다. 아이가 식탁 위에 올라가거나 차와 사람이 함께 다니는 길에서 무작정 뛰는 것 같은 위험한 행동을 하면 부모는 아이를 제지해야 합니다. 부모가 교육의 목적으로 아이를 막아야 하는 상황이기에 확신을 가지고 행동하면 됩니다. 위기 상황에서는 아이의 안전을 지키는 것이 우선입니다. 아이의 감정이 진정되고 행동이 부드러워진 이후에 포근히 안아줘도 늦지 않습니다.

조금 극단적인 이야기지만 한 청소년이 정신과 병동에 입원한 적이 있었습니다. 한번 화가 나면 다른 사람에게 물건을 던지고 심할 때는 차도에 뛰어들기도 하는 등 행동을 조절하지 못했지요. 자신과 타인에게 위험한 상황이어서 어쩔 수 없이 입원 치료를 권했습니다. 물론 그 학생은 입원을 원하지 않았습니다. 입원하면 자신이 원하는 대로 할 수 없으니까요. 그런데 나중에 저에게 이런 이야기를 하더군요. 오히려 병동 안에서는 자기 마음대로 못하니까 안심이 된다고요. 입원이라는 강제적인 조치가 이 학생에게는 오히려 안정감을 준 것이지요.

스스로 조절이 어려운 상태에서는 외부의 도움이 아이에게 오히려 안정감을 줄 수 있습니다. 아이가 화를 내거나 떼를 쓰는 것은 '화내고 떼써야지' 하고 마음먹었기 때문이 아닙니다. 자기 자신도 통제가 되지 않아 위험한 행동을 하고 마는 것이죠. 아이가 화나 짜증이 아닌 다른 방법으로 자신의 감정을 표현할 수 있다면, 힘들여 그런 행동을 하지 않을 것입니다. 특히 자신에게도 위험할 수 있는 행동을 할 필요는 전혀 없겠죠. 따라서 부모는 아이를 위험한 상황에서 벗어나게 하고, 그 이후에 자신의 욕구를 적절하게 표현하는 방법을 가르쳐주면 됩니다. 다른 방식으로 감정을 표현하고 처리하는 방법을 배우면 아이는 자신의 기분과 상태를 다양하게 표현하는 일에 점차 능숙해집니다.

꽉 안기 같은 신체적 제약은 부모 주도성이 높은 다듬기 방법입니다. 다듬기 방법에 있어 그 자체로 옳고 그른 것은 없습니다. 필요한 상황에서 쓰면 옳은 것이고, 필요 없는 상황에서 쓰면 잘못된 것입니다.

그러니 꼭 필요한 상황에서는 부모가 적극적으로 아이를 말려야 합니다. 이때는 불안감과 죄책감을 내려놓으세요. 안전이 위협받는 상황에서는 신체적 제약도 필요합니다.

단, 아이를 때리는 체벌은 절대 안 됩니다. 체벌하는 부모는 교육적인 목적으로, 아이에게 옳고 그른 것을 알려주기 위해서 그랬다고 말합니다. 하지만 이는 교육적인 효과가 없을뿐더러 법적으로도 허용되지 않는 행위입니다. 체벌은 타인에게 무력을 사용해도 된다는 것을 아이에게 가르칠 뿐입니다. 체벌을 통해 아이는 자기 조절 능력을 배우는 것이 아니라, 목적을 이루기 위해서는 무엇이든 해도 된다는 잘못된 인식과 공격성을 배웁니다. 체벌에 관해서는 6장의 〈사례 4. 심하게 떼쓰는 아이, 어떻게 하면 좋을까요?〉(266쪽)에서 좀 더 알아보겠습니다.

함께 생각해볼까요?

친구 같은 부모? 권위 있는 부모?

어떤 부모는 아이와 친구처럼 지내기를 원합니다. 부모와 아이 사이를 평등하고 서로 존중하는 관계로 만들고 싶어서겠지요. 물론 부모가 아이와 친구처럼 지내는 것은 나쁘지 않습니다. 다만 부모가 '권위' 없이 아이의 주장에 휘둘리면 안 됩니다. 몇몇 전문가들이 '아이에게 존댓말을 쓰지 마세요'라고 말하는 이유도 바로 여기에 있습니다. 아이에게 존댓말을 쓸 수 있지만, 권위는 잃지 말아야 합니다.

아이가 문제 행동을 보인다면 부모는 적극적으로 이를 다듬어야 합니다. 아이의 행동을 통제하는 데에 '안전상의 이유'가 분명히 있다면, 부모는 확신을 갖고 일관되게 밀어붙여야 합니다. 분명한 기준을 세워 자신의 양육 방법에 확신을 갖는 것이 우유부단하고 비일관적인 부모가 되는 것을 피하는 길, 즉 부모로서 '권위'를 갖는 길입니다.

도대체 아이는 '왜' 그럴까요?

최근 반려견을 소재로 한 텔레비전 프로그램이 많아졌습니다. 전문가가 반려견의 행동을 관찰하고 해석합니다. "이리저리 돌아다니는 걸 보니 혼란스러워하네요." 이제야 알겠다는 듯 보호자는 고개를 끄덕입니다. 전문가는 여기서 그치지 않고 보호자가 반려견에게 어떻게 반응했는지도 분석합니다. "반려견이 다른 사람들에게 으르렁거릴 때마다 (그 행동을 못하게 하려고) 보호자가 간식을 주었지요? 그럼 그게 보상이 되어서 계속 짖게 돼요."

반려견과 보호자의 행동을 관찰하고 문제 행동을 보이는 이유를 분석해서 해결책을 제시하는 방법은 어린아이의 행동 교정에도 비슷하게 적용됩니다. 물론 동물과 사람은 인지적·사회적으로 큰 차이가 있지만, 어린 시기의 아이에게는 많은 부분 동물과 유사한 방식으로 다듬기를 합니다. 이 방법을 행동주의적 접근behavioral approach이라고 합니다. 이를 쉽게 말하면, 원하는 행동을 하면 아이에게 관심이나 보상을 주고, 원하지 않는 행동을 하면 관심과 보상을 주지 않을 뿐더러 때로는 부정적인 피드백을 해 아이의 긍정적인 행동을 늘리고 부정적인 행동을 줄이는 방법입니다.

예를 들어 아이가 긍정적인 행동을 하면 사탕을 주고, 부정적인 행동을 하면 주었던 사탕을 뺏거나 주려고 했던 사탕을 주지 않는 것이죠. 혹은 타임아웃time-out이라고 해서 아이에게 벽을 보고 서 있게 하는 방법을 쓰기도 합니다. 이때 아이는 서 있는 것 자체보다 그 누구의 관심도 못 받는다는 사실을 힘들어 합니다. 그리고 그 이유로 아이는 부정적인 행동을 그만두게 됩니다.

좀 더 구체적인 예를 들어 볼까요? 마트에서 떼쓰는 아이가 있습니다(또 떼쓰는 아이가 나오네요. 같은 예를 반복하는 이유는 한 가지 상황을 다양한 관점으로 바라봄으로써 발달 이론의 기본 개념을 다질 수 있기 때문입니다). 이 아이는 진열대에 놓여 있는 알록달록한 장난감을 그냥 지나치기가 너무 어려웠나봅니다. 그래서 부모에게 장난감을 사달라고 조르다가 끝내 울음을 터뜨리고 바닥에 누워 버렸습니다. 처음에 부모는 상황을 모면하려고 아이에게 작은 장난감을 사주었습니다. 그런데 아이의 요구가 점점 커져서 이제는 어떻게 해야 할지 막막합니다.

이 상황은 공격성을 보이는 반려견에게 간식을 준 것과 비슷합니다. 아이는 떼를 써서 자신이 원하는 것(장난감)을 얻었습니다. 부모는 떼를 쓰는 아이에게 작은 장난감을 사줌으로써 잠시 위기를 모면했지만, 장기적으로 아이의 행동을 조절하는 일에는 실패했습니다. 아이 입장에서는 떼를 쓰면 원하는 것을 얻으니 떼를 더, 계속 쓰는 것이 당연합니다. 따라서 떼쓰는 아이를 달래기 위한 목적으로 장난감을 사주면 안 됩니다. 특히 아이가 떼를 쓸수록 더 그래야 합니다. 그래야 아이는 원하는 것을 항상 얻을 수 없다는 점을 배웁니다. 부정적인 행동을 해서는 더욱 그럴 수 없다는 것을 배우게 되죠. 그러니 아이가 떼를 쓸 때 부모는 확신을 가지고 의연하게 대처해야 합니다.

장난감을 사달라고 떼를 심하게 쓰는 아이일수록 장난감을 소유하려는 욕구가 큽니다. 부모는 다듬기를 할 때 이 소유욕을 역이용할 수 있습니다. 장난감을 긍정적인 행동의 보상으로 사용하는 것이지요. 손을 씻거나 물건을 제자리에 가져다 놓았을 때처럼 아이가 긍정적인 행동을 하면 칭찬 스티커를 붙여주세요. 그리고 목표로 정한 스티커를 모두 모으면 계획적으로 장난감을 사주세요. 이처럼 장난감을 사주는 행위를 다듬기에서 긍정적으로도, 부정적으로도 사용할 수 있습니다. 어떻게 사용하는지에 따라 다듬기의 성패가 좌우됩니다.

끝으로 떼쓰기에 관해 조금 더 확장해서 생각해봅시다. 장난감을 가지고 싶어 떼쓰는 것 말고 다른 이유는 없었을까요? 그때 부모가 보이는 반응에는 어떤 것들이 있을까요?

❶ 아이가 떼쓴 이유: 마트에 오기 전부터 기분이 좋지 않아서, 사람이 많은 곳은 불편해서, 마트에서 나는 특정 음식 냄새가 싫어서, 조금만 구경하려고 하면 부모가 바쁘다고 짜증을 내서, 부모가 동생 손만 잡고 다녀서 등.

❷ 그때 부모의 반응: 마트에 오기 전부터 기분이 좋지 않은 아이

에게 바쁘다고 짜증을 낸다, 안 그래도 질투심이 많은 아이 앞에서 동생만 챙긴다, 사람 많은 곳이 불편한 아이를 잠시 혼자 두었다 등.

이 외에도 아이가 보인 행동의 이유와 부모의 반응은 매우 다양할 겁니다. 더구나 아이가 클수록 떼쓰는 이유는 점점 많아집니다. 영아기 아이는 대개 배고프거나, 자세가 불편하거나, 기저귀가 젖어서 불쾌할 때 웁니다. 이유가 그리 많지 않기에 부모의 대응도 간결합니다. 하지만 아이가 클수록 고려해야 할 것이 많아집니다. 자기의 생각, 이전 경험, 형제와 친구 관계, 사회적 상황 등 아이는 다양한 이유로 부정적인 감정을 표현합니다. 다만 아이 스스로 생각하고 감정을 조절하는 힘이 영아기 때보다는 세졌을 테니 부모는 좀 더 기다릴 수 있습니다. 그렇기에 부모는 마주한 상황이 더 복잡하더라도 이를 파악하고 해결책을 생각할 시간적 여유를 좀 더 가질 수 있습니다. '조금 더 복잡해지지만 조금 더 천천히 생각해도 된다'라고 할까요?

문제를 해결하려면 아이가 왜 그럴까를 고민해야 합니다. 반려견 행동 전문가처럼 부모도 다듬기를 할 때 아이가 그 행동을 보인 이유, 그리고 이에 반응하는 보호자의 태도를 먼저 확인해야 합니다. 관찰하고 고민하는 태도를 지닌 부모는 양육 전문가가 될 수 있습니다.

아이는 왜 '계속' 그럴까요?

아이의 문제 행동이 지속되는 이유는 그 행동을 통해 아이가 얻는 것이 있기 때문입니다. 떼쓰면 얻는 것이 있으니 아이는 계속 떼를 씁니다. 여기서 행동으로 얻는 것을 그 행동의 '기능'이라고 합니다. 아이 행동의 대표적인 기능들은 다음과 같습니다.

❶ 타인의 관심 획득: 떼를 쓰면 (동생을 돌보고 있던) 부모가 달려온다.

❷ 원하는 물건이나 활동을 획득: 떼를 쓰면 부모가 장난감을 사

준다.

❸ 원치 않는 활동이나 사람을 회피: 떼를 쓰면 이를 닦지 않아도 넘어간다.

이처럼 떼를 쓰는 이유에 따라 아이가 얻는 것은 다양합니다. 이때 부모가 떼를 써서 얻고자 하는 것을 주지 않으면 그 행동은 계속되지 않습니다. 예를 들어 부모의 관심을 얻고자 떼쓰는 아이에게는 아무리 떼를 써도 그 순간에는 오히려 관심을 주지 않는 방법이 있습니다. 대신 부모와 같이 놀 시간을 미리 정해 알려줌으로써 아이가 마냥 기다리지 않게 해야 합니다.

장난감을 갖기 위해 떼쓰는 아이에게는 어떻게 반응해야 할까요? 아이가 바닥에 눕고 운다고 장난감을 사주면 안 됩니다. 한번 사주기 시작하면 아이는 문제 행동을 지속할 가능성이 커집니다. 양치질이 싫어서 떼를 쓰는 경우에는 아이에게 충분한 시간을 주고 기다리거나, "이 닦고 나서 그림책 읽고 자는 거야"처럼 이후에 할 수 있는 즐거운 활동을 제시하는 편이 좋습니다.

아이의 문제 행동을 다듬으려면 아이가 보인 행동의 이유와 기능을 먼저 파악해야 합니다. 그리고 그때 부모의 반응이 아이의 행동에 어떤 영향을 미치는지를 이해해야 합니다. 원하는 장난감을 갖지 못해서 떼쓰는 아이에게 혹시 장난감을 사주고 있지는 않은지 확인하는 것이죠.

아이의 행동이 변하려면 두 가지가 필요합니다. 하나는 충분한 시간이고 다른 하나는 일관적인 다듬기입니다. 문제 행동은 단번에 사라지지 않습니다. 오히려 문제를 바로잡으려고 시도하는 초기에는 떼쓰기가 심해질 수 있습니다. 이미 익숙해진 자신의 행동 패턴에 제동을 거는 것이 달갑지 않기 때문입니다. 또한 장난감을 사달라고 매일 떼쓰는 아이에게 어제는 사주지 않고 오늘은 사주면 아이 행동은 변하지 않습니다. 오히려 다음에는 더 떼쓸 수 있습니다.

충분한 시간을 두고 반복해서 문제 행동을 다듬으면 아이는 확실히 변합니다. 일관되게 문제 행동을 다듬으면 그 행동은 사라집니다. 그동안 많은 부모가 다듬기를 시도했으나 실패한 이유는 그 방법이 잘못돼서가 아니라 시간이 부족했거나 일관되지 못했던 것뿐입니다.

아이 행동을 유심히 관찰해보세요. 그리고 아이가 왜 '계속'

그럴까 생각해보세요. 부모가 아이의 문제 행동을 부추기지는 않나요? 몸이 피곤해서, 남의 시선이 두려워서, 아이에게 상처 주는 것 같아서 손쉬운 방법을 택하고 있지는 않나요? 사실 부모에게 ○○ 법칙, ○○ 전략 같은 획기적인 해결책이 필요한 것이 아닙니다. 떼쓰는 아이에게 무한정 장난감을 주는 것 같은 바람직하지 않은 선택만 피할 수 있다면 충분합니다. 가장 중요한 것은 부모의 끈기와 인내입니다. 체념하거나 포기하지 마세요.

더 괜찮은 부모가 되기 위한 다듬기 방법

다듬기 방법을 실전에 응용하려면 부모는 아이의 발달 단계를 기초로 각 상황에서 아이가 왜 그렇게 행동하는지, 부모 스스로는 어떻게 반응하는지, 아이가 그 행동으로 얻는 것이 무엇인지 차근히 생각해보아야 합니다. 이 모두를 고려할 때 비로소 상황과 시기에 맞는 다듬기를 할 수 있습니다.

부모 스스로 생각해야 한다는 말이 다른 전문가의 조언이나 양육 팁을 따를 필요가 없다는 뜻은 아닙니다. 육아 서적과 인터넷 동영상으로 접한 수많은 양육 조언도 분명 도움이 됩니다. 다만 양육의 원칙을 알면 그 조언을 선별해서 효율적으로 사용할 수 있습니다.

다음 내용은 다듬기를 할 때 기억해야 할 것들입니다. 지금까지 차근히 책을 읽어온 분이라면 충분히 이해할 수 있을 겁니다. 이해하는 만큼 확신이 생기고, 확신이 생기면 실행에 옮기기도 쉽습니다.

아이에게 화를 내면 안 돼요

화를 내지 않는 것은 정말 어려운 일입니다. 부모도 사람인지라 아이가 한 행동에 화가 '날' 수는 있습니다. 하지만 부모는 아이에게 화를 '내면' 안 됩니다. 특히 화가 난 상태에서 다듬기를 하면 안 됩니다.

부모가 아이에게 화내는 것은 '화가 날 때 감정을 조절하지 않고 그대로 타인에게 표현해도 된다'고 가르치는 것과 다름이 없습니다. 그렇기에 근본적으로 문제 행동을 교정하는 데 도움이 되지 않습니다. 아이는 단지 부모의 화난 얼굴을 보고 무서워서 행동을 잠시 멈출 뿐입니다.

부모는 화가 날 때 그 마음을 다스린 뒤 아이에게 다가가야 합니다. 아이와 잠시 떨어져 있어도 좋고, 숨을 크게 쉬어도 좋으며, 속으로 열까지 숫자를 세어도 좋습니다. 마음을 진정시키는 부모의 모습을 아이가 자연스럽게 보고 배울 겁니다. 아이가 감정 조절 능력을 키운다면, 궁극적으로 부모가 화날 상황도 줄어들지 않을까요?

일관성이 중요해요

부모의 일관된 태도는 다듬기의 성패를 가르는 중요한 요소입니다. 부모가 화날 때만 다듬기를 하거나, 부모가 지쳤다고 다듬기를 하지 않는다면 아이는 아무것도 배우지 못합니다. 같은 행동에도 부모가 어제는 마음대로 하라고 했다가 오늘은 혼낸다면 아이는 이러지도 저러지도 못합니다. 결국 다듬기는 부모의 태도가 일관적인지에 따라 그 성패가 좌우됩니다.

인내심을 가지세요

아이의 습관은 절대로 하루아침에 형성되지 않습니다. 하루 단위가 아닌 주 단위, 혹은 월 단위로 아이의 변화를 살펴보세요. 하루하루만 놓고 보면 아이의 변화를 알아차리기 어렵습니다. 그런데 월 단위로 보면 변화를 느낄 수 있죠. 큰 흐름에서 아이가 발전하고 있는지를 살펴보는 것만으로 다듬기의 효과를 충분히 확인할 수 있습니다. 너무 조급하게 생각하지 마세요. 좋은 생활 습관은 올바른 행동을 규칙적으로 반복할 때 형성됩니다. 양육은 단기전이 아닌 장기전입니다.

미리 양육 태도를 조율하세요

엄마나 아빠의 양육 일관성뿐 아니라 양육자 사이(예를 들어 부모와 조부모)의 일관성도 중요합니다. 아이를 키우다 보면 "그러면 안 돼!"와 "애가 그럴 수도 있지, 괜찮아!"라는 식으로 양육자 사이에 양육 태도가 충돌할 수 있습니다. 그러나 같은 상황에서 한 양육자는 아이의 행동을 허용하고 다른 양육자는 제한하면 안 됩니다. 특히 조부모와 함께 아이를 돌보는 경우 부모가 중심이 되어 양육 태도를 조율해야 합니다. 만약 각자가 생각하는 양육의 원칙이 크게 다르다면 전문가와 상의하는 것도 좋은 방법입니다.

바로 알려주세요

아이가 어릴수록 옳은 행동을 하면 바로 칭찬하고,

옳지 않은 행동을 하면 즉시 교정해줘야 합니다. 아이가 어릴수록 즉각적인 보상, 반응이 있어야 한다는 뜻입니다.

명확하게 이야기해주세요

아이가 어릴수록 "아니야", "안 돼", "잘했어", "여기에 넣어"같이 지시는 짧고 간결해야 합니다. 길고 복잡한 설명은 아이를 더 혼란스럽게 할 수 있습니다. 옳고 그름이나 허용 가능한 범위를 아이에게 더 분명하게 이야기해주세요(158쪽 '아이가 듣고도 모른 척하는 이유'의 두 번째 단계를 다시 한 번 읽어보세요).

마음을 읽어 주세요

"왜 그럴까? 짜증이 많이 났어?"처럼 아이의 마음을 읽어 주는 것도 교육입니다. "짜증이 많이 났어?"라고 묻는 부모의 말에 아이는 자신이 화가 났다는 것을 배웁니다. 이 과정이 반복되면서 아이는 자신의 감정을 인식하는 능력을 키워 나갑니다.

"왜 그럴까? 짜증이 많이 났어? 그래도 그렇게 하면 동생이 아야 하잖아. 다음부터는 그러면 안 돼." 안전상의 이유가 있거나 급박한 상황이 아니라면 아이의 마음을 충분히 읽어 주고 설명해주세요. 물론 급박한 상황이라면 부모 주도의 다듬기 이후에 아이 마음을 읽고 설명해도 늦지 않습니다. 마음을 읽고 설명할 때는 발달 단계를 고려해 아이가 받아들일 수 있는 정도까지만 하면 됩니다.

감정과 행동을 분리하세요

아이가 화나서 우는 것은 잘못이 아닙니다. 즉, 아이가 화라는 감정을 느끼고 울음으로 그 감정을 표현하는 것은 자연스러운 일입니다. 다만 짜증이 났다고 사람을 향해 물건을 던진 것은 잘못입니다. 누구나 화나고 짜증날 수는 있지만 사람을 향해 물건을 던진 행동은 옳지 않기 때문입니다. 아이의 감정을 읽어 주고 인정해주세요. 단, 문제 행동은 단호히 교정해야 합니다.

정말 다듬기가 필요한가요?

지금까지 다듬기를 잘하는 방법을 이야기하다가 갑자기 무슨 말이냐고요? 다듬기는 아이와 다른 사람을 '안전'하게 보호할 때, 아이가 규칙, 기준, 감정, 행동, 자기 조절을 배움으로써 '사회 적응'에 도움이 될 때 사용해야 합니다. 즉, 다듬기는 아이의 생존, 성장에 도움이 되어야 합니다. 그래서 부모는 다듬기에 교육적인 목적이 있는지, 다듬기가 정말 필요한지를 곰곰이 생각해야 합니다.

자기 마음대로 되지 않는다고 드러눕고 떼쓰는 아이에게는 감정, 행동, 자기 조절과 사회성 발달을 위해 다듬기가 필요합니다. 자기 마음대로만 하려는 아이는 친구를 사귀는 데 어려움을 겪을 가능성이 높고 현실에서 부딪힐 수많은 좌절 상황에 적절하게 대처하지 못할 수 있습니다. 그래서 부모는 아이에게 하고 싶어도 하지 못하는 것이 있음을 알려줘야 합니다.

그런데 아이가 부모가 원하는 옷 대신 계절에 맞지 않는 옷을 입고 어린이집에 가겠다고 고집을 피운다면 어떻게 해야 할까요? 제 생각은 이렇습니다. 급한 상황이 아니라면 굳이 아이와 싸워 에너지를 낭비할 필요는 없습니다. 그냥 '그러려니'하고 편한 마음으로 아이를 바라보는 편이 나을 수 있습니다. 아이가 한겨울에 여름옷을 입으려고 하면 추울 때 입을 겉옷 하나를 더 챙겨주세요. 춥다고 느끼면 두꺼운 옷을 아이가 먼저 찾을 테니까요. 남의 시선을 신경 쓰는 것, 아이를 빈틈없이 챙겨야 한다는 부담을 조금 내려놓으세요. 아이 스스로 해보고 깨닫는 편이 부모가 앞서서 가르치는 것보다 낫습니다. 꼭 필요할 때 최소한의 다듬기만 하면 충분합니다.

다듬기는 아이를 하나의 인격체로 대할 때 제대로 이루어집니다. 부모가 아이를 독립된 인격체로 바라본다면, 꼭 필요한 때만 적절하게 다듬기를 사용할 수 있습니다. 다시 말해, 부모가 아이의 자율성을 존중하고 행동을 지켜볼 수 있는지, 아니면 개입을 해야 할지를 판단하는 기준은 '만약 아이가 하나의 인격체라면'이라는 가정에서 그 답을 얻을 수 있습니다.

예를 들어, 여러분이 좋아하는 음식을 친구가 함께 먹지 않는다고 해서 그 친구에게 뭐라고 할 수는 없습니다. 친구의 입맛을 존중해야 하죠. 나와 다른 입맛을 가진 사람에게 내 입맛을 강요할 수 없습니다. 하지만 친구가 화났다고 내게 음식을 던진다면요? 당연히 그 행동을 보고만 있어서는 안 되겠죠? 자신이 화났다는 이유로 누군가를 향해 음식은 던지는 행위는 해서는 안 되니까요.

간혹 아이가 아직 어리니까 부모가 모든 것을 대신 결정해줘야 한다고 생각하는 부모도 있습니다. 혹은 부모가 원하는 대로 아이를 통제하기도 합니다. 반대로 어떤 부모는 아이가 아직 어리니까 무엇이든지 원하는 대로 하게 둬야 한다고 믿기도 합니다. 이러한 '과잉보호'나 '과잉 허용'은 아이를 독립된 인격체로 여기지 않을 때 나타나는 양육 태도입니다. 부모는 아이의 취향과 선택을 존중해야 합니다. 더불어 아이에게도 타인을 존중해야 한다는 사실을 꼭 알려주세요.

아이가 지금 한 행동은 아이가 어른이 되어도 계속 될 수 있습니다. 그러니 아이의 행동을 볼 때, 아이가 어른이 되어 그 행동을 해도 될지 아닐지를 생각해보세요. 아이가 아닌 하나의 인격체로서 그 행동을 해도 될지 아닐지를 생각해보면 됩니다. **혹시라도 부모의 취향과 욕심, 고집 때문에 아이의 생각과 행동을 막는 것은 아닌지 고민해보면 생각보다 쉽게 아이의 행동을 허용할지 다듬어 줄지를 결정할 수 있습니다.**

'다듬기' 핵심 정리

- '다듬기'란 아이의 성장과 사회 적응을 돕기 위해 욕구와 만족을 지연하는 능력을 키우는 교육이다. 다듬기에서 아이에게 '적당한 좌절'을 주는 것이 중요하다.
- 아이가 어릴수록 부모의 태도는 명확하고 적극적이어야 한다. 개입과 해결처럼 부모 주도의 다듬기가 필요하다.
- 아이가 클수록 아이에게 스스로 생각하고 행동할 기회를 주어야 한다. 상의와 지켜보기처럼 아이 주도의 다듬기가 유용하다.
- 충분한 시간을 두고 일관되게 다듬으면 아이의 행동은 변한다.
- 부모에게 획기적인 해결책이 필요한 것이 아니다. 부모가 아이의 바람직하지 않은 행동을 부추기는 선택만 피한다면 충분하다.
- 부모에게 필요한 것은 인내와 끈기, 고민하는 태도다.

5장

양육의 핵심 3
관리하기

아이라는 소중한 씨앗이 성장해 열매를 맺을 때까지, 아이에게 안정적인 '안아주기 환경'을 제공하면서('주기') 규칙, 기준, 자기 조절을 가르치는 것('다듬기')이 부모의 역할입니다. 이것만으로도 안정적인 애착을 형성하는 데 문제가 없습니다. 전체 애착 유형의 70퍼센트는 안정형 애착이라고 했지요? 대부분의 부모는 자연스럽게 괜찮은 부모가 되고 부모와 아이는 안정적인 관계를 맺습니다. 그렇다면 '관리하기'란 무엇일까요? 아이를 키우는 데 필요한 '주기'와 '다듬기'에 영향을 주는 요인을 파악하고 그 영향의 정도를 조절하는 것을 의미합니다.

식물을 기르다 보면 알맞은 온도와 물의 양을 맞추지 못할 때가 있습니다. 식물이 너무 크거나 예민하면 초보 관리자가 혼자 그 일을 감당하기 벅찰 수도 있습니다. 예기치 않게 화초를 돌보지 못하는 상황도 생길 수 있겠죠. 이런 상황에서는 화초가 건강하게 자라기 어렵습니다. 그렇기에 관리자는 온도와 물의 양을 맞추고, 식물 특성에 따라 주의할 점을 알며, 자신의 몸과 마음을 잘 관리해야 합니다.

양육도 마찬가지입니다. 부모가 아이에게 적당한 주기와 다듬기를 하기 곤란한 '상황'이 지속될 때 아이는 자라는 데 어려움을 겪습니다. 부모와 아이의 관계가 위험 요인에 지속적으로 노출되었을 때 불안정 애착이 나타납니다. 주기와 다듬기가 오랜 시간 동안 제대로 전달되지 않으면 아이는 부모에게서 안정감을 느끼지 못해 스스로 탐색할 용기를 내기가 어렵고, 욕구와 만족을 지연하는 능력을 키우지 못해 사회에 적응하는 데 곤란을 겪습니다.

식물을 기를 때 간혹 온도와 물의 양이 맞지 않더라도 이후에 잘 조절해주면 대부분 잘 자랍니다. 이렇듯 부모와 아이가 관계를 맺는데 위험이 지속되지만 않는다면, 또 문제가 있더라도 부모가 이를 인식하고 해결해 나간다면 부모와 아이는 건강한 애착을 형성합니다.
부모는 아이의 성장에 도움이 되는 환경을 만들고 '관리'해야 합니다. 부모와 아이 사이의 관계가 잘 형성되고 있는지 확인하며 부족한 부분을 보완하면 충분합니다. 여기서 관계 형성이 잘 되었다는 것은 아이가 부모 곁에서 편안해 보이는지, 부모와 잠시 떨어져 있을 때 크게 불안해하지 않거나 불안해하더라도 다시 만났을 때 쉽게 진정되는지를 살펴보면 판단할 수 있습니다. 더욱 중요한 것은 부모의 마음입니다. 아이와 함께 있을 때 부모 마음이 편안한지, 아이의 행동을 느긋하게 바라볼 수 있는지, 힘들고 조급해질 때도 있지만 아이를 키우며 즐거움과 뿌듯함을 느끼는지 자신의 마음을 관찰하면 됩니다.

아이가 자라는 데 영향을 주는 관리 요인은 다양하고 많습니다. 이번 장에는 많은 부모가 궁금해하는 관리 요인들, 즉 부모의 몸과 마음 상태, 일 때문에 아이와 하루 종일 함께 하지 못하는 상황, 부부 관계, 그리고 스마트폰 사용을 골라 집중적으로 다루었습니다. 아는 만큼 보이고, 보이는 만큼 관리할 수 있습니다.

불안하고 우울하고 지쳐 있는 부모

아이와 함께 진료실을 찾은 부모 가운데 심한 우울증을 겪는 분이 있었습니다. 아이를 사랑하지만, 그 마음만큼 몸이 따라주지 않는다며 괴로운 마음을 토로했죠. 다른 부모만큼 아이에게 잘 해주지 못하다는 생각에 자신이 나쁜 부모 같다며 눈물을 보이는 그분은 많이 힘들어 보였습니다. 하염없이 눈물을 흘리던 그분과 물끄러미 그 모습을 바라보던 아이의 얼굴이 지금도 잊히지 않습니다.

이렇게 진료실에서 아이보다 지쳐 있는 부모의 얼굴이 먼저 눈에 들어오는 경우가 종종 있습니다. 또한 아이보다 더 불안해하는 부모를 만나기도 합니다. 이럴 땐 저도 아이의 보호자가 아닌, 한 인간으로서 부모의 어려움에 관해 먼저 이야기 나누기도 합니다. 부모의 마음도 '관리'가 필요하기 때문이지요.

불안한 마음에 걱정이 많아요

부모가 되면 인생의 새로운 세계가 열립니다. 상상은 해보았지만 실제로 가보지 않은, 궁금하고 기대되지만 한편으로 겁나는 세계. '새로움'은 인간에게 스트레스로 작용합니다. 낯선 나라로 여행을 떠나거나, 모르는 사람을 만나거나, 새로운 직장에 출근할 때 기대감과 동시에 불안감을 느끼는 것은 자연스러운 일입니다. 여행과 이직보다 훨씬 큰 인생의 변화인 출산과 양육은 당연히 부모에게 불안감으로 다가옵니다.

적당한 불안감은 실수를 줄이고 무엇인가를 배워나가는 원동력이 되기도 합니다. 다만 불안감에 휩싸여 이를 감당하지 못할 때가 문제입니다. 불안감에 압도되면 아이를 돌보는 일이 괴롭고 피하고 싶어지기까지 합니다. 그럼 부모의 과도한 불안감이 어떤 식으로 아이에게 영향을 미칠까요?

대표적으로 부모의 과도한 불안감은 아이의 자율성에 영향을 미칩니다. 아이가 조금만 멀어져도 부모는 불안한 마음에 자꾸 아이를 곁으로 오게 합니다. 그러고는 아이가 하는 행동 하나하나에 신경을 곤두세우며 눈을 떼지 않지요. 그러다 부모 눈에 조금이라도 위험해 보이는 물건을 아이가 만지려 하면 재빨리 막거나 탐색할 수 있는 물건 자체를 제한하기도 합니다.

부모와 멀어졌다 다시 돌아오는 것을 반복해서 연습하는 시기에 있는 아이를 곁에서 잠시도 떨어지지 못하게 한다면, 아이는 혼자되는 법을 배우기 어렵습니다. 부모의 걱정과 불안 때문에 아이 스스로 보고 듣고 느낄 기회를 잃는 것이지요. 부모의 과잉보호나 지나친 통제는 아이에게 회의감('내가 혼자 하려고 해도 안 돼')과 수치심('내가 뭔가 잘못한 거야', '내 잘못이야')을 느끼게 할 수 있습니다.

기질적으로 불안감이 높거나 쉽게 불안해지는 부모는 스스로 자신의 마음이 어떤 상태인지, 언제 불안을 느끼는지를 확인하고 이를 '관리'해야 합니다. 불안을 느끼는 상황을 최대한 객관적으로 보려는 노력이 필요합니다. 잠시라도 아이가 눈앞에 없는 것이 불안하다면, 부모부터 아이와 조금씩 거리 두는 연습을 해야 합니다.

상황을 객관적으로 보는 간단한 방법 가운데 하나는 친구가 양육에 관해 내게 조언을 구한다고 상상해보는 겁니다. 친구에게는 좋은 멘토가 되어주다가도 막상 자기 일이 되면 당황합니다. 친구에게는 "괜찮을 거 같은데"라고 말하는 상황을 막상 자신이 겪게 되면 '그래도 혹시, 어쩌지?'라는 불안한 생각에 아이를 통제하게 됩니다. 친구에게 양육에 대해 조언할 때의 나와 평소의 내가 다르다면 불안감이 상황을 판단하는 데 개입되었을 가능성이 큽니다. '당사자'가 아닌 '제3자' 입장에 서면 상황을 객관적으로 바라볼 수 있습니다. 그러니 친구의 고민을 들어줄 때처럼 약간 거리를 두고 아이를 바라보세요. 그래야 여유가 생깁니다.

쉽게 불안해지는 성향이 아닌 부모도 아이를 키울 때 종종 불안감을 느낍니다. 아이를 이렇게 키워도 되는지 고민이 생기고 확신이 없을 때 부모는 조급해집니다. 또한 아이가 울며 보채는 상황을 이해하지 못할 때, 위험을 과대평가해서 불안을 눈덩이처럼 키웁니다.

부모가 양육의 기본 원칙을 알면 불안함을 조금 더 내려놓을 수 있습니다. 자신의 양육 방식이 큰 방향에서 벗어나지 않았다는 믿음이 생길 때, 여유를 갖고 아이를 바라볼 수 있습니다. 예를 들어 18개월 아이가 부모와 떨어지지 않으려고 떼쓰는 모습이 자연스러운 발달 과정임을 이해한다면, 아이를 좀 더 느긋하게 바라볼 수 있습니다. 담대하고 건강한 양육은 부모가 원칙을 잘 아는 것에서 시작됩니다.

우울하고 지친 마음 때문에 아이를 돌보기 힘들어요

우울하고 지친 마음도 '주기'와 '다듬기'에 부정적인 영향을 끼칩니다. 주기에서 상황과 시기에 맞게 적절히 아이에게 반응해주는 것이 중요한데, 우울감을 느끼는 부모는 본인이 겪는 정서적 어려움 때문에 아이에게 집중하기가 어렵습니다. 아이를 안아주려고 해도, 아이에게 말을 걸려고 해도 좀처럼 의욕이 나질 않습니다. 그리고 그런 자신의 모습을 보면서 '나는 나쁜 부모야'라는 죄책감에 더욱더 우울해지는 악순환에 빠지기도 합니다.

부모의 우울하고 지친 마음이 다듬기 단계에서는 어떻게 나타날까요? 기분이 불안정하기에 일관적이고 계획적이어야 할 다듬기가 비일관적이고 충동적으로 이루어집니다. 때로는 화에 압도되어 아이를 윽박지르거나 체벌을 가하기도 합니다. 결국 아이는 기복이 심한 부모의 모습에 눈치를 보며 혼란에 빠집니다.

우울하고 지친 상태는 명백한 '관리하기' 대상입니다. 우울하고 기운이 없다는 느낌이 자주 들지만 '바빠서', '이러다 말겠지 싶어서', '아이를 키우다 보면 다 그런 거라고 생각해서' 그대로 방치하는 경우가 많습니다. 하지만 지친 마음이 적절히 해소되지 않으면 아이와 함께 하는 시간이 얼마나 소중한지 온전히 느끼기 어렵습니다. 아이의 웃는 모습, 부모를 향한 손짓을 보지 못하기도 합니다. 한참 시간이 지나 아이의 어린 시절에 좋은 부모가 되지 못했다는 생각에 더욱 괴로워하는 분들을 볼 때마다 의사로서 안타까운 마음이 큽니다.

부모에게는 마음을 돌보고 재충전하는 시간이 반드시 필요합니다. 잠시 좋아하는 음악을 듣거나 따뜻한 차의 향과 맛을 음미해도 좋습니다. 아니면 아무 생각 없이 걷는 건 어떤가요? 어떤 방식이든 좋습니다. 잠시라도 부모 자신만의 시간을 가지며 지친 마음을 돌보는 것이 중요합니다. 그래야 아이도 건강히 자랄 수 있습니다.

다만 심한 우울증을 겪는 부모는 가족은 물론, 전문가의 도움을 받아야 합니다. 간혹 스스로가 도움을 거부하기도 합니다. "어떻게 아이를 놔두고 나만 도움을 받을 수 있나요? 그럼 내가 더욱더 못된 부모가 되는 것 같아요"라고 말하면서요. 도움을 받는 것이 좋은 부모가 되기 위한 노력임에도 심한 우울증을 겪는 경우 이렇게 과도한 죄책감을 보이기도 합니다. 우울증은 부모 자신뿐만 아니라 아이를 위해서도 관리되어야 합니다. 부모가 안정된 마음 상태여야 아이에게 양질의 주기와 다듬기를 제공할 수 있으니까요. 그러니 우울한 마음 때문에 힘들어하고 있다면 본인을 위해서도, 아이를 위해서도 꼭 도움을 받으세요.

아이에게 거는 기대가 점점 커져요

아이가 자라면서 부모들은 조금씩 '기대감'을 가집니다. 자기가 할 일을 스스로 했으면 좋겠고, 다른 아이들보다 조금 더 똑똑했으면 좋겠고, 사람들 앞에서 부끄러워하지 않고 자신 있게 얘기했으면 좋겠고 등등 그 기대는 다양합니다. 특히 부모와 아이의 성향이 너무 다를 때, 실제 아이 모습과 부모가 원하는 아이 모습이 크게 차이날 수 있습니다. 예민한 아이와 무던한 부모, 창의력이 풍부한 아이와 원리 원칙을 따지는 부모 등 경우의 수는 다양합니다. 이럴 때 아이를 향한 부모의 욕심과 기대, 좌절과 실망은 부모와 아이 사이에 갈등을 만듭니다.

물론 부모가 아이에게 기대를 품는 것은 자연스러운 일이며 욕심 자체가 나쁜 것은 아닙니다. 처음부터 스스로 잘하는 아이는 많지 않으니 어느 정도 부모가 아이를 이끌어 줄 수도 있지요. 다만 그 욕심이 지나쳐 아이의 욕구를 인정하지 않고 강압적으로 변할 때 문제가 발생합니다.

따라서 부모가 아이에게 지나치게 욕심을 내지는 않는지, 그 마음을 잘 살펴보고 '관리'해야 합니다. 부모의 역할은 아이의 모습을 유심히 관찰해서 잠재성을 찾아 주고 이를 마음껏 발휘할 수 있도록 도와주는 것으로 충분합니다. 결코 부모의 욕심과 기대에 부응하도록 아이에게 강요해서는 안 됩니다.

만약 기대에 부응하지 못하는 아이를 볼 때 '화'가 난다면 부모의 욕심이 지나쳤을 수 있습니다. 예를 들어, 아이가 피아노를 기대만큼 잘 치지 못할 때 화가 난다면, '혹시 내가 욕심을 부린 건 아닐까?', '아이가 정말 피아노 치는 걸 좋아하는 걸까?', '아이에게 정말 소질이 있는 걸까?'라고 의심해보는 것이 좋습니다.

자신의 기대에 못 미친다는 이유로 아이를 혼낸다면 그 기대는 '욕심'이 분명합니다. 그래도 열심히 했으니 괜찮다고, 나중에 다시 해보자고, 이제 조금 쉬어도 된다고 격려해야 아이가 다른 일에 도전할 수 있습니다.

기대하는 부모는 실망할 수 있습니다. 하지만 실망이 화로 변하는 순간, 화라는 감정이 행동으로 표출되는 순간, 이것은 욕심이 커지고 있다는 위험 신호입니다. 이 위험 신호를 지속해서 무시하지만 않는다면, 부모 자신의 마음을 살펴볼 수만 있다면 충분합니다. 그리고 '지금 아이는 어떻게 느낄까?', '내가 아이라면 어떨까?'라는 질문을 던질 수 있다면, 지나친 욕심을 부리는 일은 피할 수 있을 겁니다.

여기에 덧붙여 아이의 행동이 느리고 답답해서 모든 것을 대신해 주는 부모, 행동 하나하나에 잔소리하는 부모가 있습니다. 이런 부모는 자신의 말 한마디에 아이가 바로 변할 거라는 기대를 품고 있을 가능성이 높습니다.

좋은 습관을 들이려면 누구에게나 오랜 연습이 필요합니다. 나쁜 습관을 버리는 것도 마찬가지죠. 그러니 아이에게 충분한 기회를 주세요. 마음에 여유를 갖고 아이를 지켜보는 연습을 해야 합니다. 부모가 여유를 갖고 기다릴 때, 아이의 자발적 선택을 방해하지 않을 때, 아이는 자신만의 꽃을 피울 겁니다.

일 때문에 아이와 하루 종일 함께 할 수 없어요

많은 사람이 "아이는 부모가 직접 키워야 좋다"고 말합니다. 이 말을 들은 부모는 깊은 고민에 빠집니다. 일단 현실이 녹록하지 않습니다. 부부가 아이를 직접 돌보고 싶지만, 누군가는 먹고살기 위해 돈을 벌어야 합니다. 경제적인 이유가 아니라도 오랜 시간 꿈을 키우며 쌓아온 경력을 포기하고 육아에만 매달리기로 결심하기란 결코 쉽지 않습니다. 저마다의 사정 속에서 아이는 부모가 직접 키워야 좋다는 말은 부모에게 커다란 부담감을 안깁니다. 아이에게 미안한 마음이 들기도 하고요.

실제로 많은 전문가가 36개월까지는 부모가 아이를 직접 키우기를 권합니다. 그렇다면 왜 36개월까지일까요? 앞서 살펴보았듯 24~36개월의 아이는 부모에게서 멀어졌다 돌아오기를 반복하면서 대상 항상성(82쪽 참고)을 배웁니다. 그렇게 연습을 거쳐 36개월 무렵이 되면 비로소 부모와 떨어져 지낼 수 있는 능력을 갖추게 됩니다. 이것이 '36개월까지' 아이 곁에 누군가가 반드시 있어야 한다고 말하는 근거입니다.

36개월이라는 시기는 이해했는데 왜 '부모'가 곁에 있어야 할까요? 아이가 부모와 떨어져 혼자서도 잘 있으려면 부모와 아이 사이에 충분한 안정감과 신뢰가 뒷받침돼야 합니다. 아이는 상황과 시기에 맞게 자신에게 적절한 반응을 해주는 '꾸준한 누군가'가 있을 때 안정감을 느낍니다. 그리고 대개는 부모가 주 양육자 역할을 하기에 "36개월까지 부모가 키우는 게 좋다"는 말을 합니다. 간단히 말하면 부모가 '가장 믿을 만하고, 바뀌지 않는 존재'일 가능성이 크기 때문인 것이죠.

부모가 일을 해서 아이를 직접 키우기 어려울 땐 어떻게 하면 될까요? 꼭 부모가 아니라도 '특정한 누군가'가 아이를 '꾸준히' 돌볼 수 있다면 걱정하지 않아도 됩니다. 실제로 부모가 양육을 전담하지 못한다고 해서 아이에게 정서, 행동 문제가 더 많이 발생한다는 과학적 근거는 없습니다.

부모가 직접 아이를 돌볼 수 없다면 도움을 줄 만한 누군가를 찾아보면 됩니다. 아이에게 상황과 시기에 맞게 적절히 반응할 수 있는 사람이면 할머니, 할아버지, 육아 도우미 등 누구라도 좋습니다. 2~3년간 꾸준히 아이를 돌볼 수 있는 분이면 더욱 좋습니다. 특히 1세 미만의 아이는 주 양육자에게 더 많이 의존할 수밖에 없기에, 이때 변하지 않는 주 양육자의 존재와 역할이 더욱 중요합니다.

'꾸준하게 안정감을 주는 존재'가 핵심입니다. 그 존재가 부모라면 좋겠지만 꼭 그렇지 않아도 괜찮습니다. 부모가 직접 키워야 한다는 부담감을 갖고 있다면, 아이를 직접 키우지 못해 불안감과 죄책감을 갖고 있다면 그 마음을 조금 덜어내길 바랍니다.

물론 현실적으로 1~2년 이상 꾸준히 아이를 돌볼 사람을 구하기 어려울 수도 있습니다. 그렇다고 너무 걱정하지 마세요. 아이에게는 변하지 않는 사람, 부모가 있습니다. 비록 같이 있는 시간이 부족해도 아이와 함께 있을 때만큼은 마음껏 놀아주세요. 많이 안아주고 웃어 주세요. '양'보다는 '질'이 중요하고 '완벽함'보다는 '꾸준함'이 중요합니다. 양질의 꾸준함으로 부모는 아이에게 안정감과 신뢰감을 줄 수 있습니다.

부부 사이가 좋지 않아요

부부가 살다 보면 여러 오해와 불만, 갈등이 쌓여 관계가 악화되는 일이 생기기도 합니다. 부부 사이에 갈등이 생기면, 아이에게 이전만큼 관심을 쏟기는 어렵습니다. 불편한 마음을 추스르는 일로도 벅차기 때문에 아이에게 적절하게 반응하기 힘든 것이 당연합니다. 혹시나 남편이나 아내를 향한 분이 풀리지 않은 경우라면, 은연중에 아이에게 그 마음이 전해질 수 있습니다. 아이는 평소와는 다른 엄마 또는 아빠의 태도에 눈치를 보거나 마음을 졸이겠지요. 이처럼 부부 갈등은 '주기'에 부정적인 영향을 미칩니다.

'다듣기'는 어떨까요? 남편 또는 아내에게 화난 감정을 아이에게 풀 때가 있습니다. 아이가 잘못한 것도 아닌데 괜히 아이를 보고 한숨을 쉬기도 하고 아이가 실수라도 하면 평소보다 더 엄하게 반응하거나 화를 내기도 합니다.

물론 살다 보면 여러 이유로 부부 사이에 불화가 생길 수 있습니다. 다만 아이 앞에서만은 다투는 모습을 보이지 마세요. 상황을 파악하고 그 원인을 찾는 논리성이 아직 충분하게 발달하지 않은 아이는 자신이 잘못해서 부모가 싸운다고 오해하기도 합니다. 이로 인해 아이는 마음속에 불안과 불필요한 죄책감을 키우게 됩니다.

혹시라도 부부가 아이 앞에서 다퉜더라도 이후에 사과하고 화해하는 모습을 보이면 아이는 여전히 부모가 서로를 사랑한다는 것을 체감합니다. 물론 쉽지 않겠지만 아이 앞에서 화난 감정을 드러내지 말고, 부부 사이에 갈등이 있었더라도 사과하고 용서하는 모습을 보이는 노력이 필요합니다.

그럼 이 원칙을 지키려면 어떻게 해야 할까요? 우선 부부가 아이 앞에서는 싸우지 않겠다는 약속을 미리 해놓는 것이 좋습니다. 그리고 배우자에게 그 이유를 설명해주세요. "○○ 앞에서 우리가 다투면 아이가 불안해해요. 그리고 그 모습을 아이가 보고 배울 수도 있대요. 그러니 ○○를 위해서 아이 앞에서는 싸우지 않기로 해요."

'부부'가 아닌 '부모'로서 지켜야 하는 약속입니다. 화가 나려 할 때 둘 중 한 명이라도 이 약속이 생각난다면, 상대방에게 상기시켜주세요. 이 방법만 지켜도 아이 앞에서 화내는 정도와 빈도는 많이 줄어듭니다. 그리고 화난 상태에서는 잠시 서로 거리를 두는 것이 좋습니다. 아무리 옳은 말도 화난 상태에서는 들리지 않습니다. 감정이 진정되어야 이야기를 할 수 있고 상대의 말도 받아들일 여유가 생깁니다. 아이 앞에서 싸우지 않겠다는 약속을 미리 해놓기, 화가 나려 할 때 이 약속을 서로에게 상기시켜주기, 화가 난다면 잠시 멈추기, 이 세 가지만 지켜보세요.

하지만 이미 헤어지기로 결심했어요

불화가 심해져 서로 헤어지길 원하는 상황이라면 어떻게 해야 할까요? 아이를 위해 형식적으로라도 같이 사는 것이 좋을까요? 그렇지 않습니다. 부부 관계를 개선할 생각 없이 양육만을 위해 계속 함께 산다면 갈등은 대개 깊어집니다. 잠시 억누르고 있던 정서가 일순간에 터져 서로에게 상처를 주고 부부 관계는 파국으로 치닫기 십상입니다. 그 과정에서 부모가 아이에게 안정감을 주기란 불가능할뿐더러, 아이 발달에 악영향을 미칩니다. 실제로 이혼 자체보다 그 과정이 아이에게 더 큰 상처를 남긴다고 합니다.

부부가 헤어져야 한다면, 양육에 관한 현실적인 합의점을 찾아야 합니다. 양육 문제만큼은 감정을 걷어 내고 현실적이고 이성적으로 접근해야 합니다. 누가 주 양육자 역할을 할지, 양육비는 어떻게 할지, 아이를 돌보는 비율은 어떻게 할지에 대해 함께 고민해야 합니다. 논의의 중심에는 '아이'가 있어야 합니다. 서로에 대한 감정은 이때만큼은 철저히 배재해야 합니다.

다만 아이가 24~36개월이 되기 전까지 주 양육자가 자주 바뀌는 것은 좋지 않기 때문에, 부모 중 한 사람이 주된 역할을 하고 나머지 한 사람은 조력하는 식으로 조정하는 것이 좋습니다. 공평하게 주 3일은 아빠 집에서, 주 3일은 엄마 집에서 아이를 키우는 것은 좋은 선택이 아닙니다. 그리고 아이가 주 양육자와 떨어지는 일을 힘들어한다면, 다른 부모가 아이를 만날 때 주 양육자를 아이 곁에 있게 해주세요. 상대방이 보기 싫다는 이유로 주 양육자에게서 아이를 빼앗아 오는 일은 결코 해서는 안 됩니다.

어쩔 수 없이 스마트폰을 보여주게 됩니다

부모는 아이에게 최대한 스마트폰을 보여주지 않겠다고 결심하지만, 스마트폰 없이 아이를 키우기 쉽지 않은 세상입니다. 스마트폰이 주는 잠시의 휴식과 평온이 부모에게는 너무 소중하지요. 스마트폰을 통해 접하는 다양한 교육 자료가 아이 인지발달에 도움이 될 것 같기도 하고요. 또한 앞으로 아이들이 살아갈 세상에서는 스마트폰 사용을 제한하는 것이 아이를 뒤처지게 하는 것 아닌가 싶기도 합니다.

그럼 아이의 스마트폰 사용에 관해 전문가들은 어떻게 생각할까요? 아이에게 스마트폰을 비롯한 디지털 미디어를 보여줄 때 고려해야 할 점은 무엇일까요?

어린아이의 스마트폰 사용은 득보다 실이 많습니다

미국소아과학회American Academy of Pediatrics는 18~24개월 미만의 영유아에게 영상 통화를 제외한 디지털 미디어를 제공하지 말 것을 권합니다. 스마트폰을 포함한 디지털 미디어가 영유아에게 부정적인 영향을 미친다고 판단했기 때문입니다.

'감각운동기'(72쪽 참고)에는 '접촉'이 중요하다는 말 기억하시나요? 아이는 부모의 몸을 만지고, 눈을 맞추고, 음성을 들으면서 세상을 배워 나갑니다. 그런데 아이가 스마트폰을 보는 동안 부모와의 상호작용은 줄어듭니다. 부모와 접촉하며 세상을 배울 기회를 놓친 아이의 뇌는 그만큼 늦게 성장하고 이는 언어와 사회성 발달에까지 영향을 미칩니다.

간혹 동영상으로 언어를 배울 수 있고, 어차피 크면서 자연스럽게 미디어에 노출될 테니 스마트폰 사용을 굳이 제한할 필요가 없다고 생각하는 부모도 있습니다. 하지만 24개월 미만의 아이에게는 그 무엇보다도 부모와의 상호작용이 중요합니다. 동영상으로 언어를 배울 수 있지만, 부모의 따뜻한 음성을 듣고 배우는 것에 비할 바가 아닙니다. 지금, 이 순간에 꼭 맞는 말과 몸짓은 부모에게서만 듣고 배울 수 있습니다. 또한 아이 대부분이 크면 알아서 동영상을 잘 봅니다. 하지만 부모와 아이의 특별한 시간은 지금뿐입니다. 이 소중한 시간에 아이에게 굳이 동영상 보는 연습을 시킬 필요는 없습니다.

아이가 원할 때마다 스마트폰을 보여주면 부정적인 습관이 형성됩니다

부모와의 상호작용 기회를 잃는다는 점 외에 스마트폰을 어린아이에게 보여주지 말라는 이유는 또 있습니다. 바로 아이가 원할 때마다 스마트폰을 보여주면 부정적인 습관이 형성된다는 점입니다. '떼를 쓰면 통한다'라는 잘못된 생각이 아이에게 생겨 스마트폰을 사용하고 싶어지면 때와 장소를 가리지 않고 떼를 더 심하게 쓸 수 있습니다.

따라서 외식할 때마다 아이가 떼를 써서 어쩔 수 없이 스마트폰을 보여줘야 한다면 차라리 외식을 줄이는 편이 낫습니다. 외

식보다 중요한 것은 아이의 좋은 습관이니까요.

어린아이일수록 백지상태이기에 습관은 쉽게 형성됩니다. 그 습관이 올바른지 아닌지와 상관없이 아이는 빠르게 배웁니다. 아이가 떼를 쓸 때마다, 부모가 힘들 때마다 아이에게 스마트폰을 준다면 아이와 부모 모두에게 부정적인 습관이 생깁니다. 오랜 습관을 나중에 바꾸기란 매우 어렵습니다. 특히 36개월 미만 아이에게는 부모가 조금 힘들더라도 스마트폰을 보여주지 않는 편이 장기적인 관점에서 훨씬 낫습니다.

현실과 원칙 사이의 타협점 찾기

아이에게 스마트폰을 절대로 보여주지 않는 부모는 거의 없습니다. 스마트폰만큼 아이를 차분하고 조용하게 만드는 것이 없기 때문이죠. "원칙은 나도 알지만 그게 쉽지 않다고요! 도대체 어떻게 하라고요?" 부모의 목소리가 제 귀에 들리는 것 같네요.

실제로 '18개월 미만의 아이에게는 스마트폰을 보여주지 마세요'라는 원칙을 현실에 그대로 적용하기가 어려울 수 있습니다. 정말 어쩔 수 없다면, 융통성을 발휘해보세요. '현실과 원칙

사이의 타협점 찾기'는 아이를 기르는 내내 계속됩니다.

핵심은 스마트폰 사용으로 줄어든 부모와 아이의 상호작용을 '보충하는 것'입니다. 어쩔 수 없이 스마트폰을 아이에게 잠시 보여줘야 한다면, 줄어든 상호작용 시간만큼 나중에 아이와 좀 더 적극적으로 놀아주세요. 아이에게 동영상을 보여주는 동안 부모가 조금이라도 재충전하고 그 이후에 아이와 충분히 상호작용을 한다면 30분 정도의 스마트폰 사용이 아주 큰 해악은 아닐 겁니다.

또한 아이에게 스마트폰을 보여줄 때는, 스마트폰을 사용할 수 있는 상황과 시간을 부모가 명확하게 정해야 합니다. 즉, 계획적으로 아이에게 스마트폰을 보여줘야 합니다. '이런 상황에서 어느 정도(시간)까지만 사용할 수 있다'라는 것을 '부모'가 정합니다. 영유아기, 초기 걸음마기 아이와는 상의할 수 없고 아직 상의할 때도 아닙니다. 부모가 주도적으로 규칙을 정하면 됩니다. 그리고 그 규칙을 아이는 물론 부모도 지켜야 합니다. 아이가 떼를 써도, 아무리 많은 사람이 옆에서 지켜봐도 부모와 아이 모두 그 약속을 지키는 것이 중요합니다.

스마트폰을 회유의 수단으로 사용하지는 마세요. 아이가 떼쓸 때마다 스마트폰을 보여주면 떼쓰는 행동은 더욱 늘게 됩니다. 〈4장. 아이는 왜 '계속' 그럴까요?〉(176쪽)에서 배운 것처럼 '원하는 물건(스마트폰)을 획득'했기 때문에 행동이 지속되는 것이죠.

아이가 올바른 행동을 하도록 유도하는 목적으로 스마트폰을 이용하세요. 아이에게 가르쳐야 할 행동이 있다면 스마트폰 사용을 보상으로 활용하는 것이죠. 예를 들어 스스로 칫솔질을 하거나 장난감 정리를 할 때마다 스티커를 주어 아이가 약속된 스티커 개수를 채우면 스마트폰을 보여주는 방법을 쓸 수 있습니다. '교육 목적으로, 딱 정해진 시간만큼만'을 기억하세요!

발달 단계에 따라 스마트폰 사용 교육법은 다릅니다

아이가 어릴수록 스마트폰 사용을 스스로 통제하지 못합니다. 12~24개월 아이에게 스마트폰을 주고 사용 시간을 스스로 조절하게 하는 것은 불가능합니다. 따라서 아이가 어릴수록 '부모 주도'의 다듬기가 필요합니다.

아이가 청소년이 되었을 때 스마트폰 사용을 절제하기를 바란다면, 24개월 미만의 아이에게는 처음부터 스마트폰을 주지 마세요. 아이가 스마트폰의 유혹에 빠질 기회를 아예 차단하는 것이지요. 욕구 지연을 배운 아이는 커서도 자기 조절을 할 수 있습니다. 어렸을 때부터 자신이 원하는 것을 한계 없이 마음껏 누리며 자란 아이가 청소년기에는 마법처럼 자기 조절을 할 수 있으리라 기대하는 것은 욕심입니다.

청소년기의 스마트폰 사용은 어떤 방법으로 제한할 수 있을까요? 이제는 부모 말을 들을 시기가 아닙니다. 부모가 아이에게 스마트폰을 하루에 2시간만 하라고 해도(이미 부모는 많이 양보했습니다만) 아이는 곧이곧대로 따르지 않죠. 틈만 나면 부모 몰래 어디선가 스마트폰을 들여다볼 겁니다. 이때 부모가 강압적인 모습을 보이면 아이의 반항심만 커집니다.

청소년기 자녀를 둔 부모는 '명령, 지시'보다는 '설명, 권유, 상의'라는 방법을 사용해야 합니다. 설명, 권유, 상의는 명령, 지시보다 반응이 즉각적이지 않아서 부모 입장에서는 답답하게 느껴질 수 있습니다. 하지만 부모는 참고 또 참으며 설명하고 권유하고 상의하는 태도로 청소년을 대해야 합니다. "밤에 스마트폰을 너무 하면 잠자는 데 방해가 된다고 해. 그러면 키도

안 클 텐데? 그래서 말인데, 스마트폰을 조금만 덜 할 수 있을까? 적어도 밤에는 말이야"라는 뉘앙스로 접근해야 그나마 아이의 행동이 바뀔 가능성이 높습니다.

부모의 태도는 영유아를 대할 때와 청소년을 대할 때 각각 달라야 합니다. 아이의 발달 단계에 따라 다른 방식으로 욕구 지연을 가르쳐야 합니다. 24~36개월 아이에게 맞는 방법은 청소년에게는 결코 효과적이지 않습니다.

지금 내 아이는 어느 발달 단계에 있나요? 부모의 태도가 너무 강압적이지 않나요?(부모가 지나치게 상황을 주도하고 있지 않나요?) 혹은 부모가 너무 우유부단하지는 않나요?(아이가 지나치게 상황을 주도하고 있지 않나요?) 아이가 어릴수록 부모가 적극적으로 나서고, 클수록 아이 의견을 존중해야 한다는 원칙을 지키고 있나요? 스스로 생각해볼 시간입니다.

청소년에게는 이렇게 해보세요

무언가를 결정할 때 청소년기 아이에게는 꼭 의견을 물어보세요. 자신이 지킬 수 있는 스마트폰 사용 시간을 스스로 정하도록 하는 것이죠. "만약 사용 시간을 정한다면 몇 시간 정도가 좋을까?"라고요. 부모가 독단적으로 정한 시간은 청소년기 자녀에게는 턱없이 부족할 수 있습니다. 또 부모가 일방적으로 통보하면 반항심만 부추길 뿐입니다. 스스로 시간을 정한다면 아이는 약속을 조금이나마 더 지키려고 할 겁니다. 그래도 자신이 한 말이니 그 약속이 조금 신경 쓰이겠지요.

물론 청소년기도 자기 조절을 완벽하게 할 수 있는 시기가 아니기에 본인 스스로 정한 약속이라도 지키지 못할 때가 많습니다. 그래도 부모는 아이에게 끊임없이 기회를 주고 격려해야 합니다. 아이를 계속 노력하게 하는 것이 포기하게 만드는 것보다 훨씬 나으니까요.

'관리하기' 핵심 정리

- '관리하기'는 부모와 아이의 관계 형성에 영향을 주는 요인을 찾아 그 영향의 정도를 조절하는 과정이다.
- 부모의 불안과 우울은 '주기'와 '다듬기'에 부정적인 영향을 끼친다. 부모의 몸과 마음도 돌봄이 필요하다.
- 부모의 욕심이 지나쳐 강압적인 태도를 보일 때, 아이는 있는 그대로의 자기 모습을 찾지 못한다.
- 아이와 함께하는 시간이 부족하더라도, 여전히 아이에게 안정감과 신뢰감을 느끼게 할 수 있다. 양보다는 질, 완벽함보다는 꾸준함이 중요하다.
- 부부 갈등이 있더라도 아이 앞에서는 다투지 않아야 한다. 부부가 불가피하게 이혼해야 한다면, 양육에 관한 현실적인 합의점을 찾는 것이 중요하다.
- 스마트폰 사용은 득보다 실이 많다. 다만 꼭 보여줘야 한다면 교육 목적으로, 딱 정해진 시간만큼만 보여줘야 한다.

6장

사례를 통해 배우는 양육

이번 장에서는 사례를 통해 부모들이 갖는 궁금증들을 다뤄보겠습니다. 각 사례와 연관된 몇 가지 질문도 함께 살펴보면서 발달 이론을 기초로 문제의 해결책을 제시하고자 합니다.

상황을 해결할 방법은 단 한 가지가 아닙니다. 따라서 상황별 해결책을 외울 필요는 없습니다. 부모가 더욱 집중해야 할 것은 상황을 이해하고 문제에 접근하는 과정입니다. 발달 이론에 근거해 '주기, 다듬기, 관리하기'의 관점으로 아이와 부모가 겪는 상황을 파악하는 것이 중요합니다.

'이해'는 '이 상황에서 무엇을 해야 하나요?'라는 질문의 답을 찾는 첫 단계입니다. 부모가 상황을 이해한다면 그에 맞는 답도 찾을 수 있습니다. 문제가 발생한 이유를 알기에 상황에 적합한 개입법을 찾을 수 있는 것이죠.

부모가 상황을 이해한다면 문제를 바로 해결하지 못하더라도, 실패 원인을 찾을 수 있습니다. 부모가 선택한 방법이 효과가 없다면 왜 효과가 없는지, 혹시 양육의 큰 방향이 잘못된 것은 아닌지, 너무 성급했거나 욕심을 낸 것은 아닌지를 살펴보면 됩니다.

괜찮은 부모는 아이와 함께 성장합니다. 수많은 시행착오를 겪지만 포기하지 않고 나아갑니다. 발달 이론은 그 과정에서 겪는 어려움을 조금이라도 덜어줄 수 있습니다.

이제 1~5장에서 배운 것들을 기초로 실제 양육에서 발달 이론이 어떻게 적용되는지를 알아봅시다. 준비되셨나요?

사례 1
자다 깨서 울면 바로 안아주어야 하나요?

상담 내용 8개월 된 아이가 밤잠을 길게 자지 못하고 곧잘 깨요. 아이가 깨면 저는 바로 아이를 안아줘요. 우는 아이를 그냥 놔두면 아이에게 트라우마가 남는 건 아닌지 걱정이 되어서요. 그런데 남편은 그렇게 하면 아이가 혼자 자는 법을 배울 수 없다고 그냥 놔두라고 해요. 아예 아이와 방을 따로 쓰자는 얘기까지 하네요.

아이가 잠에서 깰 때마다 즉각적으로 반응해주는 것이 맞는지, 아니면 그대로 놔두는 것이 맞는지 궁금해요.

흔히 울지 않고 잘 먹고 잘 자는 아이를 두고 부모들은 효자, 효

녀라고 합니다. 이 세 가지 조건(울기, 먹기, 자기)이 부모의 일상에 그만큼 큰 영향을 미친다는 뜻이겠지요. 아이가 밤마다 깨서 우는 것은 세 가지 중 두 개(울기, 자기)나 해당하니 부모에게 큰 숙제이자 걱정거리입니다.

아이의 수면 습관 때문에 밤잠을 설치는 부모가 많다 보니 아이를 잘 재우는 방법에 관한 정보는 책이나 인터넷에서도 쉽게 찾을 수 있습니다. 여기에서는 구체적인 수면 교육법을 다루지는 않습니다. 대신 '아이가 자다 깨서 울 때 부모는 어떻게 해야 하나요'라는 질문을 '주기' 관점에서 살펴보겠습니다.

아이가 자다 깨서 울 때 부모의 선택지를 딱 둘로 나눈다면 어떤 것이 있을까요? 우선 부모가 아무리 힘들더라도 즉각 아이를 살피고 안심시키는 방법입니다. 아이가 울 때마다 부모가 적극적으로 개입하는 것이지요. 둘째는 이와 반대로 아이가 아무리 칭얼대더라도 아이에게 곧장 달려가지 않고 기다리는 방법입니다. 정해진 시간 동안은 아이가 울고 보채도 놔두는 것이지요. 프랑스식 수면 교육이라고 해서, 아이 스스로 수면 리듬을 찾도록 부모의 개입을 최소한으로 줄이는 방법도 같은 맥락으로 볼 수 있습니다.

그럼 두 가지 극단적인 방법을 앞에서 배운 '주기' 관점에서 바라본다면 어떻게 해석할 수 있을까요? 12개월 미만의 아이에게는 상황과 시기에 맞는 적절하고 즉각적인 부모의 반응이 중요하다고 여러 번 강조했습니다. 아이가 스스로 해결할 수 없는 문제를 부모가 대신 해결하는 것이 포인트입니다. 이를 근거로 부모는 아이가 깨서 부모를 찾을 때 즉각적으로 아이에게 달려가야 한다고 판단할 수 있습니다. 부모가 빨리 달려가 아이와 눈을 맞추고 꼭 안아주며 진정시켜야 한다고 말이죠.

반면에 어떤 전문가는 아이의 수면 패턴은 이미 6~9개월이면 자리잡기 때문에 그 전부터 아이에게 수면 훈련을 해야 한다고 말합니다. 수면 훈련을 잘 받은 아이는 졸릴 때 칭얼거리지 않고 스스로 잘 수 있다는 것이지요. 아이 스스로 잠을 잘 자면 부모도 아이를 재우는 일에 에너지를 덜 쏟게 되고, 에너지를 비축한 부모는 더 좋은 '주기'를 할 수 있습니다. 이런 이유로 아이가 웬만큼 울더라도 그냥 지켜보라고 합니다.

그럼 두 가지 중 과연 어떤 방법이 옳을까요? 결론부터 말하면 우는 아이에게 바로 달려가건, 조금 늦게 달려가건 모두 괜찮습니다. 단, 한 가지 원칙을 지켜야 합니다. 그 원칙은 바로

'시기와 상황에 맞게 반응하는 것'입니다. 무슨 말이냐고요? 너무 추상적이라고요? 여러분의 의아해하는 표정이 그려지는데 좀 더 자세히 설명하겠습니다.

아이가 울어도 곧장 달려가지 않는 방법을 선택한 부모를 생각해보겠습니다. 원칙을 지키면서 이 방법을 선택한 부모에게 '곧장 달려가지 않는 태도'란 '아이가 알아서 잘 테니까 나는 신경 쓰지 않겠어'라는 무관심을 뜻하는 것이 전혀 아닙니다. 무관심은 시기와 상황에 맞게 반응하는 게 아니니까요. 오히려 부모는 아이 스스로 수면 패턴을 찾도록 곧장 아이에게 달려가지 않는 방법을 의도적으로 선택한 것입니다.

칭얼거리다 금방 잠이 들 것 같다는 판단이 선다면 당연히 기다리면 됩니다. 반대로 배가 고프거나, 기저귀가 축축하거나, 잠자리가 불편한 것같이 부모의 손길이 꼭 필요한 경우라면 당연히 해결해야겠지요. 부모가 개입하지 않는 수면법을 택했다고 해서, 아이를 방치하거나 아이에게 무관심해서는 안 됩니다. 아이를 면밀히 관찰하고 아이의 요구에 반응하는 것은 여전히 필요합니다.

반대로 어떤 부모는 아이와 함께 자면서 울 때마다 안아주는 방법을 선택할 수도 있습니다. 당연히 이 시기 아이가 생존하려면 부모가 적극적으로 돌보고 필요한 것을 살펴주어야 합니다.

그러나 부모가 불안하다는 이유로 '과도하게' 개입해서는 안 됩니다. 알아서 잘 잠들 수 있는 아이를, 잠시 칭얼거리다 다시 잘 수 있는 아이를 기다리지 못하고 계속 안아주거나 확인할 필요는 없습니다. 부모의 과도한 개입은 시기와 상황에 맞는 반응이 아닙니다. 오히려 아이에게 혼자 자는 법을 배울 기회를 빼앗는 것입니다.

아이에게 조금 더 기회와 시간을 주건, 조금 더 적극적으로 아이의 반응을 살피건 상황과 시기에 맞는 반응을 해준다는 점에서 원칙의 차이는 없습니다. 방법론의 차이일 뿐이지요. 따라서 '이것이 옳다, 저것이 옳다'를 논하기보다는 아이에게 일관되게 반응하는 것이 우선입니다.

언제 아이에게 달려가야 할지 고민이라면 우선 아이와 부모의 성향을 파악하는 것이 좋습니다. 처음부터 통잠을 자는 아이도 있고 잘 때마다 보채고 우는 아이도 있습니다. 아이의 타고난 기질에 따라 부모가 제공해야 할 접촉과 안심, 개입의 정도가 달라집니다. 부모의 성향도 살펴보아야 합니다. 어떤 부모는 여유롭지만 둔감하고, 어떤 부모는 세심하지만 급합니다. 그래서 어떤 부모는 반응이 늦기 쉽고 어떤 부모는 불필요한 반응을 보이기 쉽습니다.

예민하고 쉽게 진정되지 않는 아이에게는 적극적으로 반응해주세요. 쉽게 조급해지는 부모는 한 박자 쉬었다 반응해도 괜찮습니다. 부모와 아이의 성향에 맞추되 원칙만 지키면 됩니다.

함께 생각해볼까요?

영아 돌연사 증후군

많은 부모가 수면 교육법과 함께 '아이를 부모와 같은 방에서 재울 것인지, 따로 재울 것인지'를 고민합니다. 이때 한 가지 고려할 점이 있습니다. 바로 영아 돌연사 증후군Sudden Infant Death Syndrome(돌 이전의 건강한 아이가 갑자기 사망하는 것)의 위험성입니다.

영아 돌연사 증후군은 국내에서 1000명당 0.31명에서 발생하는데, 현재까지 명확한 원인은 밝혀지지 않았습니다. 다만 아이가 엎드려 자는 것이 위험 인자로 알려져 있습니다. 특히 목 가누기가 어려운 3~4개월 이전의 아이에게 영아 돌연사 증후군의 위험이 더 높기 때문에 부모는 이 시기에 특별히 주의를 기울여야 합니다.

이에 미국소아과학회는 적어도 6개월 미만의 영유아를 부모와 같은 방에서 재우되, 아이 전용 침대에서 재울 것을 권합니다.[+]

+ 자료: 미국소아과학회 영유아돌연사 관련 권고 사항(https://pediatrics.aappublications.org/content/138/5/e20162938) 참고. 그 외 대한소아청소년과학회 홈페이지 육아 정보(https://www.pediatrics.or.kr/bbs/index.html?code=infantcare&category=A&gubun=&page=2&number=8810&mode=view&keyfield=&key=) 참조.

이상적으로는 12개월까지 아이와 부모가 같은 방에서 잘 것을 권합니다. 따라서 12개월 미만 아이를 키우는 부모의 경우, 영아 돌연사 증후군을 막기 위해 아이와 같은 방에서 자면서 잘 살피고 반응해주세요.

사례 2
말이 너무 늦어요

상담 내용 아이가 18개월이 지났는데 아직도 '엄마', '아빠'를 말하지 못해요. 또래 아이들은 말하는 단어 수도 부쩍부쩍 느는 것 같은데 걱정이 되네요. 아이가 엄마, 아빠를 보면 생글생글 웃고 눈도 잘 마주치는데, 왜 아직 말을 못할까요? 혹시라도 아이에게 문제가 있는 건 아닐까요? 언제까지 기다리면 좋을까요?

아이가 12개월 즈음이 되면 부모는 '엄마', '아빠'라고 말하는 순간을 간절히 기다립니다. 혹여라도 아이가 말이 늦으면 부모는 언제 말을 시작할지 노심초사하죠. 주변에서 아직 엄마, 아빠를 말하지 못하느냐며 걱정 섞인 말을 하면 부모 마음은 더 불안합니다. 실제로 '아이가 말이 늦어서' 병원을 찾는 경우가 많습니다. 특히 36개월 미만의 아이가 소아정신과를 방문하는 가장 흔한 이유는 '언어 지연'입니다. 말이 늦은 아이가 그만큼 흔하다는 것이기도 하고, 아이의 언어 지연이 부모에게 큰 걱정거리라는 뜻이기도 합니다.

Q1. 말이 얼마나 늦어야 정말 늦은 건가요?

일반적으로 아이는 12개월이 되면 첫 단어를 말하고, 18개월에는 10~20개, 24개월에는 50~100개, 30개월까지는 300개 정도의 단어를 표현할 수 있습니다. 이후 언어 능력이 폭발적으로 발달하며 36개월이 되면 500~1000개 정도의 단어를 사용하게 됩니다. 물론 연구마다 제시한 연령별 표현 단어 수에 조금씩 차이는 있지만, 24개월 이후 언어 표현력이 급격히 늘어난다는 점은 명확합니다.

더불어 아이가 사용하는 문장도 점차 형식을 갖춥니다. 표현 단어가 50개 정도에 이르면 단어 조합이 시작됩니다. 그래서 아이가 구사하는 문장 구조도 24개월까지는 두 단어 문장으로,

36개월까지는 서너 단어 문장으로 점차 길고 복잡해집니다.

언어 표현이 느는 것은 그 시기의 발달 과제인 자율성, 자기 주장과도 연관이 있습니다. 말이 많아지면서 자연스레 자기주장도 강해지는 것이지요. 부모는 자기 말에 일일이 대꾸하거나 싫다고 거부하는 아이가 얄밉게 느껴질 수도 있습니다. 하지만 말이 늦은 아이의 부모는 아이가 말대꾸해서 힘들다는 부모가 부러울 따름입니다.

미국 말하기언어듣기협회American Speech-Language-Hearing Association에 따르면, 연령별 구사 가능한 단어 수, 문장 수준 발달을 근거로 24개월이 지났는데 표현 단어가 50개 미만이고 두 단어 문장을 구사할 수 없는 경우를 '늦은 언어 출현Late Language Emergence'이라고 정의합니다.[†] 다만 앞에서 제시한 언어 발달(단어 수, 문장 구조) 수준은 개인마다 편차가 매우 큽니다. 그래서 연구마다 언어 발달 지연을 판단하는 기준이 조금씩 다르니 앞서 제시한 기준을 지나치게 맹신하지는 마세요. 늦고 빠름, 이상과 이하, 정상과 비정상을 명확하게 나눌 수 없을 때가 많으니까요. 적어

† 좀 더 구체적인 내용은 미국 말하기언어듣기협회 사이트에서 확인하세요(https://www.asha.org/Practice-Portal/Clinical-Topics/Late-Language-Emergence/).

도 생후 24개월을 기준으로 늦은 언어 출현을 정한 것을 보면, 그 이전에는 '어떤 아이가 말이 늦다'고 단정할 수는 없습니다.

Q2. 왜 말이 늦을까요?

말이 늦는 이유에는 크게 생물학적 요인과 환경적 요인이 있습니다. 생물학적 요인은 아이의 타고난 성향이라고 생각하면 됩니다. 아이마다 타고난 발달 속도가 다릅니다. 부모가 일찍 말을 시작했다면 자녀도 그럴 확률이 높고, 부모가 늦은 나이에 말이 트였다면 아이도 그럴 가능성이 큽니다. 조부모가 흔히 말하는 "아이 아빠도 말이 늦었어, 그러니까 걱정하지 마"라는 위로가 꼭 틀렸다고 할 수는 없습니다.

또한 환경적인 요인도 언어 발달에 영향을 미칩니다. 부모 혹은 양육자가 아이에게 얼마나 많이 말을 건네 '주는'지, 아이의 옹알이에 어떻게 '반응'하는지에 따라 아이의 언어 발달 속도가 다릅니다.

타고난 성향은 양육으로 바꿀 수 없지만, 아이에게 언어 자극과 적절한 반응을 해주는 것은 부모와 양육자의 노력과 의지로 조절 가능한 영역입니다. 아이의 언어 발달에도 '주기'는 중요한 역할을 합니다.

이것만은 꼭 기억하세요

말이 늦은 이유

❶ 생물학적 요인: 타고난 발달 속도가 아이마다 다르다

❷ 환경적 요인: 아이 주변의 언어 자극 정도('주기'의 영역)

- 많이 들려주는가?
- 적극적으로 반응해주는가?

Q3. 언제까지 기다려야 할까요?

생후 24개월이 지났는데 표현 단어가 50개 미만이고 두 단어 문장을 표현하지 못하는 경우에 말이 늦다고 할 수 있습니다. 이때 부모의 가장 큰 걱정은 '말이 늦은 아이가 커서도 그러면 어쩌죠?'입니다. 아이가 자라서도 말로 자기 의사를 잘 표현하지 못할까 봐 걱정하는 거지요.

연구에 따르면 언어 표현이 늦은 아이의 50~70퍼센트는 초등학교 전후 시기까지 또래 집단의 언어 수준을 따라잡는다고 합니다. 앞서 이야기한 "아이 아빠도 말이 늦었어, 그러니까 걱

정하지 마"라는 말이 50~70퍼센트는 맞겠네요. 그럼 나머지 30~50퍼센트 아이를 확실히 구분할 방법이 있을까요? 그리고 언제까지 기다려 볼 수 있는지, 그 기준이 있을까요?

안타깝게도 언어 발달이 지연될 때 치료 시기를 결정하는 명확한 기준은 없습니다. 부모는 이 사실에 조바심을 느낄 수 있습니다. '혹시 다른 사람 말만 믿고 기다렸다가 나중에 아이가 정말 말을 못하면 어쩌지?', '조금이라도 이상하다고 느낄 때 미리 검사도 받고 방법을 찾아야 하는데 나 때문에 아이가 치료 시기를 놓치면 어쩌지?'라는 불안에 휩싸이기도 쉽고요. 이런 불안을 덜기 위해 부모는 명확한 시기를 알고 싶어 합니다. 언제까지 기다릴 수 있다는 분명한 기준이 있다면, 적어도 그 전까지 부모는 조급하고 걱정스러운 마음을 조금 내려놓을 수 있을 테니까요.

명확한 시기까지는 아니어도 부모가 아이의 상황을 판단하는 데 도움이 될 중요한 정보가 있습니다. 바로 아이가 '언어를 얼마나 이해하는지'와 '언어 외 다른 표현 방법을 사용하는지'를 살펴보는 것입니다. 소아정신과에서는 이 두 가지를 고려해 언어 지연 검사 및 치료 시기를 판단합니다. 언어 이해 정도와 비언어적 표현 여부를 기초로 어떤 아이는 좀 더 일찍 개입하고, 어떤 아이는 조금 더 기다려 볼지를 결정하는 것이지요.

첫째, 말이 늦은 아이가 말을 얼마나 이해할 수는 있는지 확인해야 합니다. 언어에는 표현 언어 expressive language 와 수용 언어 receptive language 가 있습니다. 말하기(표현)와 듣기(이해)라고 생각하면 됩니다. 말을 하지 못하는 아이라도 "하지 마", "아니야"를 이해하는 경우가 매우 많습니다. 여기서 주의할 점은 표정이나 몸짓을 보고 부모의 의도를 아는 것이 아닌, 순수하게 언어만으로도 아이가 이해할 수 있는지를 확인해야 한다는 것입니다. 아이가 언어 표현을 못한다고 해서 모두 같은 언어 발달 단계에 있는 것은 아닙니다. 표현만 어려워할 뿐 부모의 말을 잘 이해하는 아이는 많습니다.

둘째, 아이가 비언어적인 표현을 하는지 확인해야 합니다. "주세요"라고 말하지 못해도 아이는 부모의 손을 잡아끌거나 두 손을 모아 내밀기도 합니다. "싫어"라는 표현을 하지 못해도 거부의 표시로 고개를 젓거나 팔을 세차게 흔들어 표현할 수 있지요. 이런 비언어적 표현, 제스처의 사용 여부는 아이가 단순히 언어 발달만 늦은지, 혹시 다른 발달도 함께 늦은지를 판단하는 데 도움을 줍니다. 물론 비언어적 표현에도 단계가 있습니다. 단순히 부모 손을 끄는 것보다는, 두 손을 모아서 내밀거나 원하는 물건을 손가락으로 가리키며 부모와 물건을 번갈아 보는 것이 더 높은 수준의 비언어적 표현입니다. 따라서 비언어적 표현을 하는지, 한다면 그 단계가 어느 수준인지를 판단함으로써 아이가 단순히 언어 발달만 늦은지, 아니면 다른 발달의 어려움도 함께 겪고 있는지를 확인할 수 있습니다. 이에 따라 개입 시기를 결정할 수 있고요.

말이 늦은 아이라도 말을 이해하고 비언어적인 표현을 충분히 한다면 나중에 언어 발달을 따라잡을 가능성이 큽니다. 말이 늦게 트이는 아이late bloomer는 대개 3~5세, 늦어도 초등학교에 입학하기 전에는 또래의 언어 수준을 따라잡습니다.

하지만 앞의 두 가지를 파악하더라도 말이 늦게 트이는 아이와 커서도 언어 문제가 남는 아이를 완벽히 구분하고 예측하기란 불가능합니다. 다만 '언어 이해 정도'와 '비언어적 표현의 사용 여부 및 수준'을 확인해서 그 위험도를 평가할 수는 있습니다. 100퍼센트 구분을 원하는(그래서 미래의 불확실성을 없애고 싶어 하는) 부모는 실망할 수 있지만, 위험도를 평가하고 그에 따라 대처하는 것이 가장 현실적이고 효과적인 방법입니다.

언어 지연 검사 및 치료 시기를 결정할 때, 아이의 타고난 두 가지 요인(언어 이해 정도, 비언어적 표현의 사용 여부)과 함께 언어 지연에 따른 이차적 어려움과 환경적인 요인도 고려합니다. '말하기'는 의사 전달뿐만 아니라 감정의 교환까지 가능케 하는 사회적 상호작용입니다. 따라서 말이 늦다는 것은 사회성 발달에도 부정적인 영향을 미칠 수 있습니다.

만약 아이가 언어 지연으로 사회성 발달에도 어려움을 겪고 있다면 도움이 필요합니다. 아이가 말이 늦어 또래 친구들과 같이 놀기 어려워하거나 또래 친구들이 아이를 배척하는 상황이라면 좀 더 빨리 전문가와 상의하는 것이 좋습니다. 반면에 또래 친구들이 아이를 잘 이해하고 배려해서 아이가 큰 어려움 없이 친구들과 잘 지낸다면 조금 더 기다려볼 수도 있습니다.

다만 36개월 정도가 되면 언어 표현에 대한 사회적 요구가 훨씬 많아집니다. 그 요구에 아이가 따르지 못하면 사회성 발달에 어려움이 생길 수밖에 없습니다. 그렇기에 36개월 정도부터는 아이가 언어 '표현만' 느리더라도 언어 치료를 권합니다.

이것만은 꼭 기억하세요

아이가 말이 늦을 때 고려해야 할 사항들

1. 단순히 언어 표현만 늦은가? 언어 이해도 늦은가?
2. 비언어적 표현(제스처)을 하는가? 한다면 얼마나 수준이 높고 다양한가?
3. 언어 지연으로 인한 또래 관계의 어려움은 없는가?

Q4. 어떻게 하면 될까요?

말이 늦은 아이에게 부모는 무엇을, 어떻게 해주면 좋을까요? 타고난 발달 속도는 조절 가능한 것이 아니기에 환경적인 요인을 조절하는 것, 즉 언어 자극을 아이에게 가능한 많이 '주는 것'이 중요합니다. 언어 자극의 구체적인 방법론은 매우 다양하고 인터넷 검색을 통해서도 누구나 쉽게 찾아볼 수 있습니다. 우리가 이 책에서 알아야 할 것은 큰 원칙입니다. 부모가 아이에게 언어와 비언어적 표현을 가능한 한 많이 알려주는 것과 아이의 행동과 감정을 잘 읽고 반응해주는 것이 그 원칙입니다.

갓난아기가 울면 부모는 "○○아, 왜 울어? 혹시 배고프니?

아니면 어디가 불편한가? 걱정하지 마, 엄마(아빠)가 해결해줄게"라고 말합니다. 아이의 감정과 행동을 부모가 대신 적절하게 읽고 말해준 것입니다. 물론 갓난아이가 말 자체를 이해하지는 못하지만 적어도 자기 마음을 부모가 알아주고 반응해준다는 것, 그래서 감정적 교류가 있다는 것을 느낄 수는 있습니다. 정서적 공명emotional tuning이 발생한 것이지요. 정서적 공명을 일으키는 표현들이 반복되면서 아이는 단순히 언어뿐만 아니라 사랑과 신뢰도 배워 나갑니다.

간혹 말이 늦은 아이에게 물건이나 그림을 가리키며 "이거 말해 봐"를 반복해서 요구하는 부모를 봅니다. 부모는 아이가 말이 늦다는 불안감에 아이를 재촉합니다. 강압적인 방법으로 단어 따라 하기를 시키기도 하지요. 어떻게든 아이 말문이 트이게 하고 싶은 부모의 절실한 마음 때문일 겁니다.

하지만 언어의 기능은 단지 말하는 것에만 국한되지 않습니다. 언어는 사람 간의 정보 전달과 상호작용에 중요한 역할을 합니다. 언어를 사용해 아이가 말하고 싶은 내용을 부모에게 전달함으로써 서로를 이해할 수 있다는 점이 핵심입니다. 따라서 부모가 아이에게 특정 단어를 말해보라고 강요하는 것은 정보 전달이나 상호작용 측면에서 언어의 기능을 가르치는 태도로 보기 어렵습니다. 아이가 물을 달라고 '무, 무'라고 할 때, 혹은 아예 언어 표현 자체는 없고 물을 가리키고 있을 때 부모는 우선 그 의도를 읽고 "물 달라는 거야? 목이 마르구나?"라고 말해줘야 합니다. 그리고 "'물'이 마시고 싶은 거야? 엄마가 '물' 줄게, '물', 여기 있어"라고 아이와의 의사소통, 상호작용을 방해하지 않는 선에서 자연스럽게 특정 단어를 반복해서 들려줄 수 있겠지요.

"'물'이라고 말해봐, '물', '물'"과 같이 부모가 단어, 언어 표현에만 초점을 맞추면 아이의 마음('물을 마시고 싶다')을 읽고 반응해주는 큰 원칙을 놓치게 됩니다. 말보다는 의사소통이 중요하다는 사실을 잊지 마세요. 말이 늦은 아이에게 단순히 말을 따라 하도록 강요하는 것보다 의사소통의 대체 방법으로 비언어적 표현(손 내밀기, 가리키기)을 알려주는 것이 훨씬 중요합니다.

그럼 언어 발달을 자극하는 수단으로 아이에게 텔레비전이나 스마트폰을 보여주는 것은 어떨까요? 미디어를 통해 아이에게 언어 표현을 많이 노출시킬 수는 있습니다. 하지만 그 표현은 아이의 상황과 감정에 맞는 표현이 아닙니다. 단지 미디어가 제공하는 일방적인 소리일 뿐이지요. 아이에게 필요한 것은 의미 없는 소리가 아니라 시기와 상황에 맞는 구체적이고 따스한 부모의 음성입니다.

이것만은 꼭 기억하세요

1. 언어 자극도 결국 '주기'다. 상황과 시기에 맞는 언어 표현을 아이에게 가능한 한 많이 들려준다.
2. 말 자체보다 의사소통과 상호작용이 중요하다. 특정 단어만 주입하는 것은 의사소통을 방해하는 일이다.
3. 언어 외의 의사소통 방법인 비언어적 표현을 아이에게 알려 준다.

Q5. 전문가 상담을 받아야 할 시기나 상황이 있을까요?

어떤 부모는 '아이가 정말 이상하다고 하면 어떻게 하지?'라는 불안감과 '다른 사람들이 내가 아이를 잘못 키웠다고 생각하지 않을까?'라는 노파심에 전문가를 찾아가 상담하는 일을 꺼립니다. 특히 정신과에 대한 편견이 있고 양육을 부모 책임으로 떠넘기는 사회 분위기 속에서 아이를 소아정신과에 데리고 가는 일은 더더욱 어렵습니다. 그러나 부모가 불안과 걱정을 해소하지 못한 채 아이를 돌보면 적절한 '주기'와 '다듬기'를 할 수 없습니다.

말이 늦은 아이는 매우 흔해서 괜찮을 거라는 근거 없는 낙관론에 빠져 있는 경우도 있습니다. 그로 인해 꼭 도움이 필요한 아이가 치료 시기를 놓치기도 합니다. 전문가의 평가를 받아야 할 시기나 상황을 어떻게 알아차릴 수 있을까요?

전문가들은 다음 상황에서는 24개월 이전이라도 적극적으로 언어 지연 상태를 확인해볼 것을 권합니다.

❶ 언어를 표현하는 일뿐만 아니라 이해에도 어려움이 있을 때

❷ 비언어적인 표현, 제스처가 적을 때

❸ 눈 맞춤, 호명 반응(아이의 이름을 불렀을 때 아이가 부모를 쳐다보는 반응)이 적거나 비일관적일 때

위 상황은 모두 아이의 언어 표현뿐만 아니라 사회성, 인지발달에도 어려움이 의심되는 경우입니다. 이때는 좀 더 빠른 평가와 개입이 필요할 수 있으니 반드시 전문가와 상의하세요.

부모 눈에 아이가 도움이 필요해 보인다면 주저하지 말고 전문가를 찾아가세요. 반면 앞의 내용을 근거로 아이가 잘 자라고 있다고 생각된다면 불안은 조금 내려놓아도 좋습니다. 부모는 아이를 가장 많이 살피고 잘 이해하는 사람입니다. 그러니 여러분의 직감을 믿으세요.

함께 생각해볼까요?

전문가와의 상담은 궁금증을 해결하는 일입니다

간혹 '관리하기'의 대상이 있는데도 이를 발견하지 못하는 경우가 있습니다. 도움이 필요하다고 느낄 때는 주저 말고 전문가와 상담하세요. 전문가는 보조 관찰자로서 부모와 아이의 관계에 대해, '관리하기' 대상에 대해, 양육 방향에 대해 객관적인 시각을 제시할 수 있습니다.

다만 전문가라고 해서 단숨에 아이를 파악할 수 있는 것은 아닙니다. 전문가는 부모의 눈과 귀를 통해 아이를 관찰하고, 부모와 협력해 아이의 성장을 도울 수 있습니다. 전문가가 일방적으로 부모에게 알려주고 지시하는 것보다는 전문가와 부모가 함께 아이를 이해해 나가는 것이 바람직합니다. 상담이란 부모가 전문가의 의견을 수동적으로 듣는 행위가 아닙니다. 전문가와 동등한 입장에서, 사실 전문가보다 내 아이를 더 잘 아는 입장에서 아이를 어떻게 도울지 고민하는 것입니다.

사례 3
어린이집에 가는 걸 너무 무서워해요

상담 내용 22개월 여자아이입니다. 어린이집 보낸 지 이제 3일 됐어요. 첫날에는 부모와 떨어져도 잘 놀았는데 둘째 날부터 어린이집 현관 앞에서 울고불고 하며 도무지 떨어지지 않으려고 합니다. 엄마, 아빠랑 있고 싶다고, 가지 말라고요. 아이를 달래던 선생님도 어쩔 수 없는지 같이 있어 달라고 하더라고요. 아이가 원래 겁이 많은 편이지만, 그래도 너무 심한 거 같아서 걱정이에요.

아이를 어린이집에 보낸 후 예상하지 못한 아이 모습에 놀라 상담을 청한 부모의 사례입니다. 많은 부모가 아이를 어린이집에 보냅니다. 시기의 차이는 있지만, 아이를 어린이집에 보내는 것은 태어나 처음 또래집단을 경험한다는 점에서 자연스러운 성장 과정 중 하나로 자리잡았습니다.

기대 반, 걱정 반으로 부모는 아이를 어린이집에 보냅니다. 아이가 어린이집에 가는 걸 무서워하지 않고 금방 적응하면 부모는 안도합니다. 반면에 아이가 부모와 떨어지는 것을 어려워하면 마음이 무거워집니다. 혹시 아직 어린이집에 갈 준비가 되지 않은 아이에게 괜한 상처를 주는 것은 아닌지 걱정하기도 하지요. 이때 어떤 부모는 아이가 애착 형성이 잘 안 되어서 부모와 떨어지지 못하는 것은 아닌지 고민합니다.

Q1. 애착 형성이 잘 안 되어서 그럴까요?

아이가 걱정스러운 모습을 보일 때 우선 아이의 발달 단계를 확인해야 합니다. 같은 행동이라도 어떤 시기에는 발달 과정에서 정상적으로 나타나는 모습이지만, 어떤 시기에는 부모가 주의를 기울여야 하는 모습일 수 있으니까요. 사례의 아이는 22개월로 무엇이든 스스로 하려는 자율성과 부모에게 기대고 싶은 의존성이 번갈아 나타나는 시기입니다.

아이가 부모에게서 멀어졌다가 되돌아오는 것을 반복한다고 해서 이때를 '재접근기'라고 부른다는 것, 기억하시나요? 부모가 지금 눈앞에 보이지 않더라도 세상 어딘가에 있다는 믿음이 '대상 항상성'(82쪽 참고)입니다. 대상 항상성은 아이가 재접근기에 충분한 탐색을 하고 위안을 받았다면 자연스레 얻을 수 있습니다. 대상 항상성을 획득하기 전 아이는 부모가 없으면 당연히 불안해합니다. 부모가 눈앞에 보이지 않으면 이 세상에서 사라졌다고 생각하니까요.

오히려 이 시기에 부모가 곁에 없어도 아이가 불안해하지 않고 부모를 찾지 않는다면, 다시 말해 아이에게 애착 행동이 없다면 더 문제일 수 있습니다. 무표정 실험에서 부모가 갑자기 아이에게 아무런 반응을 보이지 않을 때 아이가 원래의 다정다감한 부모를 되찾기 위해 손을 뻗고 우는 행동, 부모의 관심을 구하는 행동을 보이는 것이 자연스러운 반응이라는 것과 같은 맥락입니다. 사례의 아이는 22개월로 아직 대상 항상성을 얻기 전입니다. 부모와 떨어지는 것을 당연히 무서워하는 시기이므로 크게 걱정하지 않아도 됩니다.

'애착 형성이 잘 되면 아이가 부모와 잘 분리된다'는 말은 충분한 '주기'를 통해 안정적으로 부모와 애착 형성을 이룬 아이가, 이후 멀어지고 되돌아오는 경험을 반복하면서 대상 항상성을 얻게 되어 마침내 혼자서도 잘 지낼 수 있다는 것을 뜻합니다. 다만 이 말은 22개월의 아이에게는 적용할 수 없습니다.

종종 반대로 생각하는 부모도 있습니다. '아이가 부모를 찾아야 애착이 잘 형성된 거라는데 우리 아이는 혼자서도 잘 있어요. 괜찮은 건가요?' 이때도 아이의 연령, 발달 단계를 우선 확인해야 합니다. 12개월 미만의 아이가 부모가 없을 때 '전혀' 부모를 찾지 않는다면, 아이의 발달 단계를 고려했을 때 다소 걱정스럽습니다. 하지만 대부분의 경우 부모를 전혀 찾지 않기보다는 조금 늦게 부모를 찾는 느긋한 아이일 가능성이 크지요. 한편 24~36개월 이후의 아이가 혼자서도 잘 있는 경우는, 앞에서 설명한 바와 같이 아이가 충분한 '주기'로 부모와 세상을 향한 신뢰를 형성했다는 것이기에 부모는 안심해도 됩니다.

결국 '애착 형성이 잘 되면 부모와 잘 분리된다', '애착 형성이 잘 돼야 부모를 찾지 않는다' 모두 아이의 발달 단계에 따라 맞는 얘기일 수도 있고, 아닐 수도 있습니다. 단순히 '그렇다', '아니다'로 나눌 수 있는 문제가 아닙니다. 아이의 성향과 발달 속도를 먼저 생각해보는 것이 중요합니다.

상담 내용 아이가 어린이집에서 보인 모습에 더 놀랐던 이유는 집에서는 제가 없을 때도 잘 지냈기 때문이에요. 제가 잠깐 나갔다 올 일이 있을 때 '몇 시까지 올 거야'라고 하면 아이가 잘 기다려요. 또 할머니 집이나 이모 집에 보내도 저 없이 잘 지내고요. 그래서 애착이 잘 형성되었다고 생각했죠. 어린이집 선생님도 처음에 아이를 보더니 혼자 있어도 될 것 같다고, 저에게 집에 가라고 했거든요. 근데 하루가 지나니까 그게 아니더라고요.

Q2. 아이는 왜 무서워할까요?

사례의 아이는 자신이 가장 익숙하고 안전하다고 느끼는 공간인 자기 집, 조금 더 넓게는 할머니 집과 이모 집에서는 부모 없이도 잘 지냅니다. 하지만 새로운 공간인 어린이집에서, 처음 보는 선생님과 있을 때는 아직 불안해합니다. 부모 없이 혼자서 낯선 곳과 낯선 사람에 적응하는 일은 지금 이 아이에게 어려워 보입니다.

지금까지 배운 내용으로 설명하자면, 사례의 아이는 아직 대상 항상성을 충분히 획득하지 못했다고 할 수 있습니다. 아이는 22개월이고 일반적으로 대상 항상성은 24~36개월 이후에 얻습니다. 따라서 아이가 부모와 갑자기 떨어졌을 때, 더구나 낯선 환경에 있을 때 불안해하는 것은 발달 단계상 큰 문제라고 보기는 어렵습니다.

또한 3일이란 적응 기간이 너무 짧습니다. 적어도 1~2주 이상 어린이집에 머물며 부모가 아이를 관찰하는 것이 좋습니다. 물론 선천적으로 불안도가 높은 아이는 조금 더 기다려야 할 수도 있지요. 아이가 어린이집에 처음 가는 일은 우리가 새로운 직장에 첫 출근하는 것과 같습니다. 새로운 직장에 출근해 새로운 사람을 만날 때 어느 정도 불안과 긴장감을 느끼는 일은 당연하죠. 낯선 업무와 사람에 적응하는 데 시간이 걸리며, 적응에 필요한 기간도 사람마다 다릅니다. 결국 아직 충분히 준비되지 않은 아이가 충분한 적응 기간도 없이, 너무 갑작스럽게 보호자와 떨어졌기 때문에 불안했던 것으로 볼 수 있습니다.

'분리 불안'은 발달 과정에서 누구나에게 나타날 수 있습니다. 6~8개월 무렵에 나타나서 14~18개월에 가장 심하다가 점차 줄어듭니다. 그래서 저는 '왜 우리 아이가 부모와 잘 떨어지지 못하나요?'라고 질문하면 '그럴 수 있는 시기이기 때문에'라고 대답합니다. 다만 5~6세 이상이 된 아이가 보호자와 떨어지지 못한다면, 전문가와의 상담이 필요합니다. 왜냐하면 이때는 아이 혼자서도 잘 지내야 하는 시기이기 때문이죠.

Q3. 그래도 어린이집에 꼭 보내야 할까요?

여건이 된다면 아이를 어린이집에 보내는 것을 잠시 미룰 수 있습니다. 성향에 따라 어떤 아이는 부모와 떨어지거나 낯선 상황을 받아들이는 일에 좀 더 시간이 필요할 수 있으니까요. 아이의 성향과 발달 속도에 맞춰 천천히 연습하면 됩니다.

어린이집에 조금 늦게 보낸다고 큰 문제가 되지는 않습니다. 아이가 더 자란 후, 부모와 떨어지는 것을 견딜 수 있을 때 다시 시도해도 됩니다. 절대로 다른 아이와 비교해서 준비되지 않은 아이를 보내려고 애쓰지 마세요. 부모의 조급함과 불안이 '관리하기'의 대상임을 다시 한 번 기억하세요.

Q4. 그래도 보내야 한다면, 어떻게 해야 할까요?

어린이집에 보낼 계획이라면 이상적으로는 1~2개월 전부터 아이와 함께 어린이집 근처에 가보는 것이 적응에 도움이 됩니다. 아이가 집과는 다른 낯선 주변 환경을 눈에 익히도록 해보는 거죠.

아이의 어린이집 적응에 '점진적 노출'이란 방법이 효과적으로 쓰일 수 있습니다. 실제로 어린이집에서는 여러 단계를 두고 아이가 낯선 공간과 선생님에 익숙해지도록 돕고 있습니다.

어린이집 안에서 점진적 노출은 어떻게 하면 될까요? 처음에는 부모와 아이가 교실에서 놀 때 선생님이 옆에 있기만 해도 됩니다. 때때로 경계심이 많은 아이는 낯선 선생님을 의식하며 놀이를 멈추기도 합니다. 그러다 점차 익숙해지면 어느 순간 아이는 선생님이 옆에 와도 크게 의식하지 않을 겁니다. 이때 절대로 아이에게 선생님과 이야기를 나눠보라거나 옆에 있으라고 강요하지는 마세요. 아이의 불안한 마음을 자극해 적응에 방해가 될 수도 있습니다.

아이가 선생님이 곁에 있는 것까지 받아들였다면, 이제 선생님이 아이와 놀이를 시도하고 부모는 옆에 있기만 해도 됩니다.

그 이후에는 서서히 부모가 아이에게서 멀어질 수 있습니다. 이렇게 점진적으로 아이는 부모에게서 조금씩 떨어지는 연습을 합니다.

또 다른 방법으로 아이가 부모의 부재를 조금이나마 덜 느끼도록 부모를 떠올릴 수 있는 작은 물건이나 옷, 애착 인형 등을 줄 수도 있습니다. 어떤 방법을 사용하든 아이의 발달 단계를 고려해 천천히, 전략적으로 부모와 멀어지게 하는 것이 중요합니다. 경험 많은 어린이집 선생님과 아이에게 맞는 방법을 상의해도 좋습니다.

어린이집 적응 훈련을 하는 분들에게 꼭 당부하고 싶은 말이 있습니다. 절대 아이 몰래 자리를 뜨면 안 됩니다. 36개월 미만의 아이는 부모가 눈앞에서 사라지면 이 세상에서 사라졌다고 느낄 수 있습니다. 아이가 어리면 어릴수록 부모가 갑자기 사라졌을 때 충격은 더 클 수 있습니다. 또한 곧 올 거라고 말하고는 몰래 사라지는 것은 부모가 아이와의 약속을 지키지 않은 것이기에 부모와 아이 사이의 신뢰 형성에도 도움이 되지 않습니다.

헤어져야 할 때는 거짓말로 둘러대기보다는 차라리 "이제는 헤어질 시간이야"라고 명확하게 말하는 편이 낫습니다. 대신 부모가 언제까지 돌아올 거라고 구체적으로 말해주고 그 약속을 지키세요. 부모가 약속을 지킨다는 믿음을 가진 아이는 덜 불안합니다. 아이는 부모가 떠난다는 사실보다 다시는 돌아오지 않을 수도 있다는 불확실성을 더 두려워합니다. 약속한 시각에 부모가 다시 돌아오는 경험이 쌓이면 아이는 부모와 떨어지는 것을 서서히 받아들일 것입니다. 절대로 아이 몰래 사라지지 말고 당당하게 인사하세요. "엄마(아빠), 갔다 올게, 오후 간식 먹고 만나자. 하이파이브!"

Q5. 혹시 아이에게 상처가 되지 않을까요?

충분한 '주기'를 통해 형성된 부모와 아이 사이의 신뢰 관계는 아이에게 좌절을 견뎌낼 힘을 줍니다. 사례의 아이가 22개월 동안 부모의 충분한 사랑과 믿음 안에서 안정적인 애착을 형성했다면, 아이를 어린이집에 보내는 일은 큰 무리가 아닙니다. 오히려 일시적으로 부모와 헤어지고 만나는 과정을 통해 아이는 혼자 있는 법을 배우고 한 단계 성장할 수 있습니다. 잠시 부모와 헤어지는 일이 아이에게 '적당한 좌절'이 되는 셈이지요.

따라서 아이를 어린이집에 보내는 일을 미안해하지 않아도 됩니다. 아이가 잘 헤어질 수도 있고, 울음을 터뜨릴 수도 있습니다. 둘 다 자연스러운 모습입니다. 아침마다 아이에게 밝게 인사하고 헤어지세요. 그리고 다시 만날 때 반갑게 웃으며 꼭 안아주세요. 다시 부모를 만났을 때의 따스함이 부모와 떨어졌을 때의 두려움을 이겨내는 힘이 됩니다.

사례 4
심하게 떼쓰는 아이, 어떻게 하면 좋을까요?

상담 내용 34개월 된 아이입니다. 마음대로 안 되면 심하게 떼를 쓰는데 한번 고집을 부리면 절대 물러서질 않습니다. 특히 마트에 가면 장난감을 사달라고 조르는데 사주지 않으면 바닥에 드러누워요. 너무 당황스럽더라고요. 사람들이 보는데 부끄럽기도 하고, 아이가 왜 그럴까 싶어요.

Q1. 아이는 왜 떼를 쓸까요?

아이가 떼를 쓰는 데는 여러 이유가 있습니다. 우선 발달 과정 중 떼쓰는 시기가 누구에게나 있습니다. 그 시기에는

'당연히' 떼를 씁니다. 그 시기의 아이는 자연스럽게 요구하고 ('이거 줘') 거절하는('싫어') 법을 배웁니다. 하지만 세상이 그리 호락호락하지 않기 때문에 아이는 자신의 모든 요구가 받아들여지지 않는다는 것을 깨닫습니다. 아이는 주장하고 거절당하는 경험을 반복하며 자신과 타인 모두의 욕구를 충족시킬 만한 타협안을 찾는 법을 배웁니다.

배움에도 순서가 있습니다. 주장하는 법을 먼저 배우고, 거절당하는 법을 나중에 배웁니다. 따라서 부모는 아이의 '떼쓰기'를 성장 초기의 자연스러운 과정으로 받아들여야 합니다. 적어도 '아이가 나쁜 마음을 먹어서', '부모가 잘못 키워서'가 아니라는 점은 분명히 알아야겠죠.

걸음마기 아이는 '전조작기'(75쪽 참고)라고 부르는 논리적이지 않지만 고유한 상상의 세계를 창조하는 시기를 거칩니다. 자신만의 세계를 만들려면 자기주장을 굽히지 않고 밀어붙이는 힘이 필요합니다. 그러니 아이의 고집과 떼쓰는 행동을 부정적으로만 바라보지는 마세요. 자연스러운 발달 과정이니까요.

아이가 떼를 쓰는 또 다른 이유는 감정을 잘 조절할 수 없기 때문입니다. 24~36개월 아이는 화나고 억울한 감정을 효율적이고 즉각적으로 조절하지 못합니다. 그렇기 때문에 악을 쓰며 울고 보챌 수밖에 없죠.

아직 감정 조절이 어려운 아이는 '당연히' 떼를 쓰고 고집을 부릴 수밖에 없습니다. 절대로 '나쁜 아이'라서 그러는 것이 아닙니다. 그저 '인간'이기에 화가 나면 떼를 쓰고 고집을 부리는 것입니다!

Q2. 그냥 놔두면 되나요?

발달 과정에서 떼쓰기는 자연스러운 모습이니 아이를 그냥 놔두면 될까요? 물론 그렇지는 않습니다. 자기주장이 강해지지만 아직 감정과 행동을 조절하지 못하는 시기가 있음을 이해하라는 뜻이지 떼쓰는 아이에게 아무것도 할 필요가 없다는 의미는 결코 아닙니다.

'다듬기'는 아이에게 자신의 행동과 감정을 다스리는 법을 가르쳐 사회 적응을 돕는 '교육'입니다. 따라서 아이가 '감정'과 '행동'을 스스로 조절할 수 없다면, 부모는 교육을 목적으로 개입해야 합니다. 더욱이 그 행동이 사회에서 부정적으로 받아들여진다면 '당연히' 다듬어야 합니다.

원하는 장난감을 사 달라고 울며 조르는 아이가 있습니다. 장난감을 갖고 싶은 마음은 잘못된 일이 아닙니다. 인간은 누구나 무엇인가를 소유하고 싶어 하니까요. 그리고 장난감을 갖고 싶은데 갖지 못하는 상황에서 화가 난 것도 잘못은 아니지요. 다만 아이가 감정을 조절하는 방법과 욕구를 지연하는 방법을 배운다면, 같은 상황에서도 화가 나는 빈도와 강도는 줄어들 것입니다.

갖고 싶은 물건을 얻지 못해 바닥에 누워 고래고래 소리를 지르며 주변 사람들에게 피해를 주는 행동은 어떤가요? 이 행동은 다듬어줘야 합니다. 고래고래 소리 지르는 정도가 아니라 부모를 때리는 경우는요? 사람을 때리는 일은 잘못이며 절대로 해서는 안 되는 일이라는 점을 아이에게 분명히 알려야 하겠지요.

감정이 조절되지 않으면 행동도 조절되지 않습니다. 그래서 부모는 우선 '감정 조절 교육'을 통해 아이가 감정을 조절하도록 도와야 합니다. 어릴수록 부모 주도의 개입이 필요합니다. 만약 아이가 원하는 물건이 눈앞에 있고 그 소유 욕구를 스스로 조절하지 못한다면 부모가 아이를 안고 그 상황에서 벗어나는 것이 아이의 감정 조절에 도움이 됩니다. 부모가 적극적으로 개입해서 아이의 스트레스 요인을 제거하는 것이지요.

행동을 바로잡으려면 우선 부모가 사회에서 용납되는 행동과 그렇지 않은 행동을 아이에게 명확하게 알려줘야 합니다. 특히 사회 적응에 명백하게 어려움을 주는 행동, 예를 들어 공격적인 행동이나 스스로를 다치게 하는 행동이 아이에게 나타난다면 즉각적으로 부모가 나서야 합니다. 부모의 개입은 위험으로부터 아이를 보호할 뿐 아니라 아이에게 그 행동이 옳지 않다는 것도 알려주는 역할을 합니다. 지속적이고 일관적인 '다듬기'는 아이가 옳고 그른 행동을 알아가는 기초가 됩니다.

아무리 떼를 써도 원하는 것을 얻지 못한다면 아이는 그 행동을 서서히 포기합니다. 감정 조절을 배워 나가면서 떼쓰는 행동이 원하는 것을 얻는 효율적인 방법이 아니라는 점을 깨닫고 다른 방법으로 자신의 요구를 표현할 수 있음을 알아갑니다. 부모의 적극적이고 일관적인 다듬기는 참고 기다릴 줄 아는 아이로 성장하게 합니다.

변덕이 심한 아이 왜 그럴까요?

✧

Q. 아이가 변덕이 심해요. 토끼 인형을 가져다 달라고 해서 가져다주니까 다른 인형을 가져오라고 하더라고요. 일단 참고 다른 인형을 가져다줬지요. 그런데 다시 토끼 인형 가져오라고 하더군요. 아이가 나를 놀리나 싶어 속이 부글거렸어요. 저희 아이는 졸리면 꼭 그래요. 우유를 가져다 달라고 해서 가져가면 안 먹는다고 하고. 너무 답답해요. 도대체 왜 그럴까요? 일부러 골탕 먹이려고 그러는 것 같기도 하고. 가끔은 너무 화가 나요.

A. 변덕을 부리는 것도 떼쓰기와 비슷합니다. 사례의 아이는 졸릴 때 느끼는 불편한 감정(짜증)을 어떻게 해결해야 하는지 몰라서 변덕스러운 행동을 보인 것으로 해석할 수 있습니다. 부정적인 감정을 어떻게 해결해야 하는지 모르기에 그랬던 것이죠.

만약 '아이가 일부러 부모가 싫어하는 행동을 한다'라고 느낀다면 이렇게 생각해보세요. '정말 아이가 일부러 그러는 걸까?', '혹시 다른 어려움이 있어서 그런 것은 아닐까?' 물론 단순히 부모의 관심을 얻기 위해서, 그 행동이 놀이처럼 느껴져서 그랬을 수도 있습니다. 다만 원래 나쁜 아이여서 부모가 싫어하는 행동을 의도적으로 골라 하는 아이는 없습니다.

아이가 힘들게 할 때, 떼쓰거나 변덕이 심할 때, 가장 먼저 할 일은 아이를 자세히 관찰하는 것입니다. 그런 다음 아이가 왜 그러는지 곰곰이 생각해보면 이전에는 보이지 않았던 아이가 불편한 이유, 짜증 섞인 이면의 불편한 감정 등이 하나씩 그 모습을 드러내게 될 겁니다.

사실 누구도 '아이가 왜 그럴까요?'라는 질문에 확실하게 답할 수 없습니다. 아이의 마음속에 들어가보지 않는 이상 모든 생각을 정확히 알 수는 없으니까요. 과연 정답이 있는지도 의문입니다. 그래서 부모가 할 수 있는 최선은 '아이 입장에서 생각하는 연습하기'입니다. 부모가 아이를 오해할 확률을 조금이라도 줄이기 위해서요.

Q3. 아이는 감정 조절을 어떻게 배워가나요?

어떻게 하면 아이에게 스스로 감정을 조절하는 방법을 잘 알려줄 수 있을까요? 원리는 간단합니다. 부모가 '주기'와 '다듬기'만 적절히 하면, 아이는 자연스레 감정을 조절하는 법을 배웁니다.

감정을 조절하려면 크게 세 단계를 거쳐야 합니다. 격한 감정 상태에서 벗어나기, 감정 인식하기, 감정을 적절하게 표현하기가 바로 그것입니다. 이 세 가지를 아이에게 알려주면 아이는 감정 조절의 기초를 다질 수 있습니다.

1단계. 벗어나기

감정을 조절하려면 우선 격한 감정 상태에서 빠져나와야 합니다. 감정에 압도당하면 누구나 이성적이지 않은 행동을 할 수 있습니다. 자신의 감정을 인식할 수도, 적절히 표현할 수도 없겠죠.

갓난아이가 울면 부모는 대개 아이를 안정시키려고 안고 토닥이거나, 우는 이유가 무엇인지 찾아서 해결하는 등 '적절하게 반응'해줍니다. 그럼 대부분의 아이는 울음을 서서히 멈춥니다.

부모가 '주기'를 통해 아이의 마음이 가라앉도록 도운 것이죠. 특히 어린아이는 스스로 감정을 조절하기 어렵기 때문에 부모라는 외부 존재가 아이를 사나운 마음 상태에서 벗어나게 해줘야 합니다.

2단계. 인식하기

격한 감정 상태에서 빠져나왔다면 이제 감정의 정체를 알아차려야 합니다. 화가 났는지, 짜증이 났는지, 불안한지, 흥분했는지, 기쁜지를 알아야 각 상황에 맞게 대응할 수 있습니다. 자신의 감정 상태를 알아야 조절할 수 있는 거죠.

아이는 부모의 '주기'를 통해서 감정 인식을 배웁니다. 아이의 행동, 감정 상태를 부모가 대신 읽어 주고 말해주는 거죠. "왜 울어? 어디가 힘들어? 불편한가 보구나?"라는 부모의 표현을 통해 아이는 자신의 감정 상태를 가늠합니다. 물론 어린아이는 부모의 말 자체를 이해할 수 없지만 표정과 음성을 통해 느낄 수 있습니다. 이런 경험이 쌓여 감정 인식 능력을 학습하면 아이는 부모 도움 없이도 스스로 자신의 감정을 인식합니다. 그리고 단순히 좋거나 나쁜 두 가지 감정에서 부끄러움, 죄책감,

시기, 질투, 아쉬움, 뿌듯함 등 복잡하고 다양한 감정을 배워 나갑니다.

3단계. 표현하기

감정을 알아차렸다면 이를 적절히 표현할 수 있어야겠지요? 감정을 표현하는 방법은 정말 다양합니다. 사람의 생김새만큼이나요. 화가 났을 때 울어버리는 아이가 있는가 하면, 감정을 꾹 억누르는 아이도 있습니다. 날카롭게 소리를 지르거나 물건을 던지기도 하고 사람을 때리기도 합니다.

하지만 물건을 던지고 사람을 때리는 것은 바람직한 감정 표현법이 아닙니다. 따라서 부모는 '다듬기'를 통해 아이의 옳지 않은 감정 표현법을 바로잡아 주고, 적절한 표현법을 알려줘야 합니다. 자신의 요구와 감정을 말로 표현하는 것이 물건을 던지는 것보다 훨씬 효과적이라는 사실도 가르쳐줘야겠지요.

부모가 '주기'와 '다듬기'를 일관성 있게 하면 아이는 성난 감정에 압도당하지 않고, 자신의 감정을 알아차리며, 적절하게 이를 표현할 수 있습니다. 부모가 차근히 이끌면 아이는 자신의 감정을 잘 살펴보고 표현할 수 있습니다.

Q4. 체벌은 도움이 될까요?

앞에서도 잠시 살펴봤지만, 몸에 직접 고통을 주는 체벌은 아이의 행동을 바로잡는 데 아무런 도움이 되지 않습니다. 문제 행동을 멈추게 하는 것처럼 보이지만 '일시적'일 뿐 그 이상의 효과는 없습니다. 그럼 '감정 조절'의 측면에서 체벌은 아이에게 어떤 영향을 미칠까요?

체벌은 부모가 화를 다스리지 못할 때 일어납니다. 강압적인 부모의 모습을 본 아이는 더 격한 감정(두려움, 불안감, 무서움)에 휩싸이고 압도당합니다.

아이가 배워야 할 감정 조절의 첫 단계는 압도된 감정 상황에서 벗어나는 것입니다. 격한 감정 상태에서 벗어나야 감정을 인식하고 표현할 수 있습니다. 따라서 아이를 더욱더 격한 감정에 빠지게 만드는 체벌은 아이가 자기 조절력, 감정 조절력을 습득할 수 있는 기회를 빼앗는 것과 마찬가지입니다.

아이는 부모의 말과 행동을 보고 배웁니다. 부모가 화가 날 때마다 그 감정을 절제하지 않고 모두 드러내면 아이는 그대로 보고 따라합니다. 그런 아이는 화가 나면 누군가를 비난하고 공격하려 하겠지요. 반면 부모가 화를 잠시 억누르고 차분히 말로 표현한다면 아이는 그 모습을 보고 감정을 능숙하게 조절하는 법을 익힙니다.

부모가 화가 나서, 아이가 자신이 원하는 대로 따르지 않아서 체벌을 한다면 이는 아이에게 '화가 나면 타인을 공격해도 된다'는 잘못된 메시지를 전달합니다. 그리고 그 공격성은 정당화되고 습관화될 수 있습니다.

체벌은 '주기'와 '다듬기'가 아닙니다. '사랑의 매'라고 포장하지만 매를 맞은 아이는 감정 조절을 전혀 배우지 못한 채 힘의 논리만을 배웁니다. 어떤 상황에서도 절대로 아이를 때리면 안 됩니다.

Q5. 이미 체벌했다면 어떻게 해야 할까요?

혹시라도 화를 참지 못해서, 아이를 때려서라도 가르쳐야 한다는 생각에서 체벌을 했다면 아이에게 진심을 담아 미안하다고 말하세요. 누구나 실수할 수 있지만 그 실수로 인한 부작용은 최대한 막아야 합니다.

"○○아, 아빠(엄마)가 너를 아프게 해서 미안해, 아까는 아빠(엄마)도 마음을 잘 다스리지 못해서 그랬어. 너무 무섭고 속상

했지? 아빠(엄마)가 ○○를 항상 사랑하는데도 가끔 아빠(엄마)도 이렇게 잘못을 할 때가 있네. 앞으로는 아빠(엄마)가 ○○에게 화내지 않기로 약속할게! 용서해줄래?"

대부분 충분한 주기를 통해 부모와 아이 사이에 형성된 신뢰는 한두 번의 체벌로 무너지지 않습니다. 체벌이 지속적이고 반복될 때 문제가 되는 것이지요. 지금도 늦지 않았으니 아이에게 두려움과 상처 대신 믿음과 사랑을 전하세요. 진심으로 미안해하는 부모의 모습을 보면서 아이도 자신이 실수했을 때 잘못을 인정하고 사과하는 사람으로 성장할 것입니다.

맺음말

어제의 아이와 오늘의 아이를 다르게 볼 수 있다면

이 책에 담긴 핵심 내용은 이미 많은 부모에게 익숙한 내용일 가능성이 높습니다. 어쩌면 이미 다 알고 있는 것일 수도 있습니다. 하지만 익숙하고 아는 것과 실행에 옮기는 것은 다릅니다. 육아 프로그램을 보면서 '맞아, 다 아는 얘긴데'라고 생각하지만 실제로 아이를 키울 때 그러지 못할 때가 많은 것처럼 말이지요. 아이에게 아무 때나 스마트폰을 보여주면 안 된다는 걸 알면서 보여주고, 아이를 윽박지르면 안 된다는 걸 알면서도 욱하는 마음에 아이를 혼내기도 합니다.

생각을 실천에 옮기려면 확고한 믿음이 필요합니다. 어떤 행동이 아이에게 확실히 도움이 된다는 믿음, 반대로 어떤 행동은 도움이 되지 않는다는 믿음이 부모에게 있다면, 부모는 그 믿음에 따라 균형감 있게 아이를 키울 수 있습니다. 믿음이 확고하면 주변에 휘둘리지 않고 양육 태도를 일관성 있게 안정적으로 유지할 수 있는 거죠.

저는 이 책에서 발달 이론과 원칙을 최대한 쉽게, 그리고 다양한 상황에서 설명하고자 했습니다. 과학적 근거를 기반으로 아이가 어떻게 자라는지를 배우면 부모가 양육 과정에서 마주하는 어려움을 슬기롭게 넘길 수 있다고 생각하기 때문입니다. 그래서 핵심을 반복해서 강조하며 중요한 정보를 이해할 수 있도록 했습니다. 이 책이 부모가 아이를 이해하고 아이와 함께 살아가는 법에 대한 확신과 자신감을 얻는 데 도움이 되었으면 합니다. 무엇보다 부모 스스로 생각하고 문제가 생겼을 때 이를 해결하는 방법을 찾을 수 있기 바랍니다.

무심코 한 행동이 아이에게 어떤 영향을 미칠지 곰곰이 생각하게 되었거나, 이전에는 자연스러웠던 행동이 낯설게 느껴졌다면 제 의도가 어느 정도 여러분에게 전달되었다고 생각합니다. 예전과 다른 시각으로 아이를 바라볼 수 있다면, 이전에는 보이지 않던 것들이 보이기 시작했다면 이 책이 조금이나마 도움이 되었다는 생각에 기쁠 것 같습니다.

투박한 문장들을 잘 다듬어 주신 아몬드 분들께 감사드립니다. 그리고 첫 독자로서 늘 곁에서 용기와 영감을 준 현정에게 고마움을 전합니다. 마지막으로 이 책을 끝까지 읽은 여러분에게 응원과 감사의 마음을 전합니다. 여러분은 이미 충분히 좋은 부모임이 틀림없습니다.

부록

함께 읽으면 좋은 책들

양육의 기초를 좀 더 깊게 이해하고 실전에서 양육 원칙을 적용하도록 돕는 책들을 정리해보았습니다. 다만 제시된 해결책을 지금 당장 아이에게 활용하는 것보다 해결책이 나오기까지의 과정과 원리를 이해하는 것이 중요합니다.

나는 철학하는 엄마입니다 ✧ 이진민 지음 | 웨일북 | 2020년

아이를 키우는 부모의 고민이 담겨 있습니다. 부모가 배워야 할 것은 양육 방법이나 기술이 아닌 양육 철학입니다. 양육 철학은 부모가 아이를 대하는 태도를 말합니다. 어떻게 아이를 기를지 함께 고

민해볼 수 있는 책입니다.

못 참는 아이 욱하는 부모 ◇ 오은영 지음 | 코리아닷컴 | 2016년

아이에게 소리지르거나 분노를 폭발시키지 않고도 아이의 문제 행동을 잘 가르칠 수 있습니다. 아이에게 욱하면 안 되는 이유부터 다양한 사례, 해결법을 살펴볼 수 있습니다.

신의진의 아이심리백과: 0~2세 편 ◇ 신의진 지음 | 메이븐 | 2020년

소아정신과 의사가 아이 연령에 따라 부모가 흔히 하는 질문에 답합니다. 《우리 아이 왜 그럴까》에서 배운 개념이 각 사례에 어떻게 적용되는지 확인해보세요.

예민한 아이 육아법은 따로 있다 ◇ 나타샤 대니얼스 지음 | 양원정 옮김 | 카시오페아 | 2019년

아이를 키우면서 흔히 겪게 되는 힘든 상황에서 무엇을 고려해야 하고, 어떻게 해결해 나갈지 실질적인 방법을 제시합니다. 겉으로 드러나는 모습 이면에 아이의 속마음은 어떤지도 확인해보세요.

육아 상담소: 발달 ◇ 김효원 지음 | 물주는아이 | 2017년

초보 부모에게는 궁금한 것이 너무 많습니다. 생후 1년 동안 부모

가 궁금해하는 질문에 소아정신과 의사가 답을 합니다. Q&A 형식으로 관심 있는 내용부터 먼저 읽어도 좋습니다.

팩트체크, 아이 정신건강 ✧ 대한신경정신의학회 청소년특임위원회 지음 | 대한신경정신의학회 출판부 | 2019년

영유아부터 청소년까지 아이에 대한 부모의 궁금증을 과학적 근거를 바탕으로 풀어줍니다. 객관적인 자료와 연구에 관심이 있는 분에게 추천합니다.

우리 아이 왜 그럴까

초판 1쇄 펴낸날 2021년 8월 10일
초판 2쇄 펴낸날 2021년 9월 23일

지은이 최치현
펴낸이 이은정
책임편집 김수연
마케팅 정재연

제작 제이오
디자인 소요 스튜디오
조판 김경진

펴낸곳 도서출판 아몬드
출판등록 2021년 2월 23일 제 2021-000045호
주소 (우 10364) 경기도 고양시 일산동구 호수로 672, 305호
전화 031-922-2103 팩스 031-5176-0311
전자우편 almondbook@naver.com
페이스북 /almondbook2021 인스타그램 @almondbook_

ISBN 979-11-975106-2-5 (03590)